〔韩〕黄宣夏/著　李桂花/译

给孩子的三个存折

朝華出版社

图书在版编目（CIP）数据

给孩子的三个存折 /（韩）黄宣夏著；李桂花译.
—北京：朝华出版社, 2014.3
ISBN 978-7-5054-3663-3

Ⅰ. ①给… Ⅱ. ①黄… ②李… Ⅲ. ①财务管理－青年读物
②财务管理－少年读物 Ⅳ. ①TS976.15-49

中国版本图书馆CIP数据核字（2014）第024017号

著作权合同登记图字：01-2014-2754

给孩子的三个存折

作　　者〔韩〕黄宣夏
译　　者　李桂花

选题策划　杨　彬
责任编辑　赵　红
特约编辑　胡　泊
责任印制　张文东
封面设计　胡椒设计

出版发行　朝华出版社
社　　址　北京市西城区百万庄大街24号　邮政编码　100037
订购电话　（010）68413840　68996050
传　　真　（010）88415258（发行部）
联系版权　j-yn@163.com
网　　址　www.blossompress.com.cn
印　　刷　北京彩虹伟业印刷有限公司
经　　销　全国新华书店
开　　本　889mm×710mm　1/16　字　数　200千字
印　　张　17
版　　次　2014年9月第1版　2014年9月第1次印刷
装　　别　平
书　　号　ISBN 978-7-5054-3663-3
定　　价　38.00元

推荐序

培养孩子的经济头脑，宜早不宜迟

韩国的文盲率远远低于美国，但不得不承认，韩国的金融文盲率则远远高于美国。在美国，超过 70% 的家长会为子女的金融教育投入大量的时间和精力，而在韩国，这个比例只达到 33%。在发达国家，家长注重从小开始对子女进行金融与经济基础教育，以此来培养孩子在资本市场里的竞争力。

在韩国，则更注重应试教育，往往有意或无意地忽略了金融与经济教育的重要性。而进入 21 世纪后，在资本主义社会环境下，相比单纯的文化文盲，金融文盲将成为社会生存的更大障碍。

在美国等发达国家，可以通过 DECA（美国分散式教育俱乐部）、NFTE（全球创业指导基金会）和 JA（国际青年成就组织）等教育，从小培养孩子的经济市场“竞争力”。韩国的教育体系也应该开始重视早期的理财教育，培养孩子的理财意识。

我们都知道父母是孩子的镜子，孩子会模仿爸爸妈妈的一言一行。只是在金钱和经济方面，很少有家长主动为孩子提供这方面的教育。这很可能与韩国人对金钱与物质持有根深蒂固的偏见有关。但不管怎样，任何人都有憧憬富裕人生的权利，所以才会有这么多人为了实现明天更美好的生活而积极理财。

《给孩子的三个存折》主要讲述了如何与孩子一起管理“复利”“黄金”和“股票”三个存折的故事。从金融人的视角来看，将孩子的经济教育与实际的商品投资相结合，是最便于孩子理解接受的方式。生活中经常会看到一些人，因为不了解基本的金融知识，便随波逐流、人云亦云地投身于理财行列，这非常令人担忧。因此，我真诚地向这些朋友推荐这本书。

从复利存折到长期投资，从黄金存折到分散投资，从股票存折了解以企业为首的经济流向，如此持续教育下去，等孩子长大成人后，即使不从事专业的资产管理工作，也会具备灵敏的金融头脑。

按照本书设计的方案，筹备和管理三个存折的过程，不仅能让孩子成长为具有理财能力的人，还可以确保孩子在物质和精神方面健康成长。这本书向您提示了重要的信息，确保您的孩子在步入社会时，可以享受

物质更丰富的人生。

为人父母者留给孩子的，不应该仅仅是物质上的遗产，更重要的是面对任何困难时，都能保持坚挺的经济实力。

愿这本书成为众多家长的教子理财书，为孩子开启无限灿烂的未来。

韩国银行联合会 会长

申东奎

作者序

献给孩子最珍贵的礼物

当初我抱着“让韩国孩子也能像发达国家的孩子一样，从小接受理财教育”的目的，创办了儿童与青少年理财体验教学，如今已有 12 年了。我之所以撰写这本书，是希望能给“金融文盲”家长一些提示，为他们分担一些烦恼。

所有的家长都一心希望孩子除了学校老师教授的内容之外，还能掌握一些生活中实用的本领，好让孩子过上“富足的人生”。这本书为家长提供了许多现实中可以操作的方案，目的在于通过理财教育，和孩子共享并实践理财知识，让他们根据所学的内容，将眼光变得更宽阔且深远。

我们都是靠工资生活的人。倘若有一天，拥有了书中介绍的三个存折，每月都能积攒不少钱，仅靠利息就能保证未来的生活，那该多好！职场中一定会表现得充满活力，变得信心十足，社交活动也会更活跃，还可以满足旅游与其他业余爱好，让生活更充实。如果这些只是一种憧憬，那么至少我们还有机会，通过这本书介绍的方法，为孩子承诺这样美好的未来。

这件事做起来并不难，家长可以通过这本书，领悟到理财的乐趣，再逐渐引导孩子在家里或日常生活中实践。相信对孩子来说，这将是承诺美好未来的最佳礼物。

借此，我要向为这本书的出版而奔波努力的韩经 BP 相关人士，以及在培训现场遇到的众多家长和学生表示感谢，还要向提供启发式内容的姜仁爱教授、郑宪珠教授、儿童之光研究所的同仁，以及给我无限支持的秀京、源芝与智敏表示由衷的谢意。

2014 年春

黄宣夏

序言

成为富翁的第一步，让孩子认识金钱的意义

“大哥，帮我找套房子吧！”前不久在电视台社会部做记者的小兄弟，求我帮他找间房子。他一直在地方工作，来到首都工作时，发现房租已经涨到令他望而生畏的地步，而他又没有合适的房源信息。由于事情很急，于是我毫不犹豫地为他奔忙，直到帮他找到合适的房子。没想到才几天，他又来了一个电话。“我现在正要签租房合同，你能不能过来帮我看看？你知道，我从来没签过合同。”我听后突然有种哭笑不得的感觉：一个年过 30 的男人，作为记者工作了多年，怎么连合同都不会写？别看他在媒体界是个头脑犀利的社会精英，但是在理财方面，无疑是一个金

融文盲。问题是，像他这种在理财上不成熟的人，在我们周围大有人在。本应该靠自己的能力处理理财问题，而这些人却只能靠别人的帮助才能解决。例如，签合同时要请父母或朋友代写；信用卡和生活费乱花，毫无计划性；被税金问题所困扰……这些人的特点是面对经济活动中的细节问题时都显得很无奈，不知所措。

说到这里，肯定有人会反驳："难道不会签合同，用卡不节制，就一定会过上穷光蛋的生活吗？"我倒不是这个意思，只是想强调理财是与日常生活息息相关的行为，所以我们不能掉以轻心。因为在理财生活上还蹒跚学步的人，怎么可能独立走路，给自己构建一个美好的未来呢？我只能说美好的未来很渺茫。

那这些问题是不是也在你我身上存在呢？就算自己不愿承认，只要做个经济生存能力测试，答案就会一目了然了。我们都有必要理性地反思一下，是不是自己的理财行为合理且科学呢？可以通过下面的问题，进行一下自测。

▶ 妈妈的理财能力自测

- 逛市场时，事先整理购物计划。
- 冲动购物占整体消费的 10%。
- 每次购物都索要发票或收据，并记录生活收支账簿。
- 给孩子零花钱，并且知道孩子使用得是否合理。
- 逛市场或百货商店，以及去银行时，是否会带着孩子。

- 是否对银行里自己的存款利率非常了解？
- 各种缴费项目是否记得准确的缴费日期？
- 是否正确理解和使用保险与基金？
- 是否合理使用物美价廉的网购渠道？
- 孩子对于家里的各项支出是否了解？
- 是否了解孩子最想要的礼物的品牌与价格？
- 是否懂得积攒和管理零钱的方法？

▶ 爸爸的理财能力自测

- 是否严格控制烟酒，不在烟酒上乱花钱？
- 在外就餐或享受文化消费时，是否合理使用各种积分？
- 是否为了节省汽车的保险、油价与税金，对几家相关公司进行过比较与分析？
- 去大型超市时是否能积极引导家人购物？
- 看报纸时，对于经济内容是否比较关注，并经常浏览？
- 炒股过程中，是否经常被琐碎的信息所左右？
- 工资中是否存在免税额度与免税内容，能否合理利用？
- 对于利息收益所产生的税金，是否有准确的认识？
- 对自己了解的相关经济信息，能否做出快捷有效的实践？
- 是否了解孩子的零花钱额度与使用细节？
- 孩子是否了解爸爸的工作单位与职务？
- 孩子（小学以上）是否了解家里的收入情况？

如果以上问题的答案多数为“是”，可以说你是将理财理念贯彻到生活中的达人了，你的理财行为也将成为孩子的榜样；反之则需要在理财领域投入更多的努力。家长的理财能力和子女的理财能力成正比，因为就算其他方面接受的教育再多，理财能力却是受到父母平日理财习惯的影响，孩子会照着自己所看、所感与所学的去重复。在韩国，目前并没有真正开展理财教育的机构。因此，如果想要让自己的孩子将来成为富翁，家长要对理财注入足够的关注，才有实现的可能性。

理财教育，不仅为了培养孩子的经济生存能力，还可以为孩子许诺一个美好的未来。因为通过理财教育，可以避免孩子重蹈覆辙，不再重复家长是金融文盲而犯过的失误。而且懂理财的孩子，学习成绩也会更出色。根据美国南佛罗里达大学的研究结果，理财教育对文化教育的促进效果非常显著。

研究组针对一所学校的两个班级进行了如下实验：A 班在正常上课后，持续了 6 个月的企业家精神（理财教育）培训；而 B 班除了正常上课之外，便让学生自由活动。也许大家会觉得，B 班由于可以自行安排学习时间，所以会在功课上投入更多的时间，理所当然成绩也会更好。然而，结果恰恰相反。A 班的学生相比上一学期，阅读、语言和社会等科目的成绩分别提高了 13%、6%、11%。更出人意料的是，A 班与 B 班的成绩相比，阅读高出 16%、语言 15%、拼写 15%、数学 18%、社会 19%、科学 39%。这项实验有力地证明了接受过理财教育的学生，在学业上也会明显优于其他人。

企业家精神（理财教育）培训给学生的学习成绩带来的效果

分类	与上一学期期末对比			与未接受这方面教育的学生对比					
科目	阅读	语言	社会	阅读	语言	拼写	数学	社会	科学
提高率	13%↑	6%↑	11%↑	16%↑	15%↑	15%↑	15%↑	19%↑	39%↑

摘自：南佛罗里达大学的哲学博士霍华德·拉希德撰写的论文《创业培训影响着青年企业家的创业态度和学术成就》

理财教育的好处是让孩子正确了解“金钱”的概念。理财教育中提及最多的词汇，就是“金钱”。金钱既是操纵经济的主轴，也是人们生存的手段。所以金钱的教育，就显得非常实际具体。

然而，人们一方面无法释怀想要成为富翁的梦想，另一方面却对谈论金钱有一种避讳的心理。大概是觉得谈钱者低俗，所以才会觉得难以启齿。而大人的这种态度会直接或间接传递给孩子，让孩子对金钱持有负面印象。这一点很让人感到无奈。

金钱之所以被人们如此歪曲，是因为人们没有接受过正确的理财教育。当前进行的理财教育课程中，经常会片面强调：“把钱存起来”、“省着点儿花”或“捐出去”等，但对金钱的含义，却无法准确说明。

试想，连金钱的含义都不了解，又怎能了解储蓄的必要性与捐赠的益处呢？因此，唯有理财教育到位后，孩子才有可能认识到金钱的价值，并主动创造与金钱打交道的机会，逐渐领悟支配金钱的正确方法。这才是独立经济生存能力的真面目，也是通向财富之路的捷径。

目录

第三章 第二个存折
黄金存折：最佳的保值投资，永远的安全资产

第四章 第三个存折
股票存折：理财意识与收益获得双赢

第五章 三个存折令孩子成为富翁

第六章 和孩子一起学理财

第一章

三个存折，开启孩子的未来

存折 三个存折，开启孩子的未来

观察世界上那些数一数二的富豪，他们的共同点是什么？对于这个秘密，相信很多人都想破解。其实答案很简单，那就是比别人更早认识金钱。

沃伦·巴菲特 11 岁时，开始送报纸赚钱，用辛苦工作攒下的钱，在高中时便开始创业。他和朋友向理发店提供租赁弹球游戏机，与理发店一起分红，这一举动显示了他非凡的经济头脑。就这样，在他高中毕业时，已经赚到了 6000 美元（1 美元约合人民币 8 元）。这个数字在当时，算是一笔非常可观的收入。这笔钱为他今后投资更大的事业，提供了第一桶创业资金。

其实财富与一个人的知识水平或是否为名校毕业，并没有绝对的关系。关键还要看自己对金钱持怎样的态度，以及在创业中收获了哪些经验。这需要拥有创意性的想法与丰富的经验，才能独立开创未来之路。而想要达到这个目的，必须从小就开始接触金钱、熟悉金钱，并接受理财教育。唯有这样，收获财富才成为可能。

一提到孩子的教育，我们可能首先会想到智商和情商。其实，经济也会伴随我们的一生，因此孩子拥有多强的理财能力，同样值得家长关注。

01

三个存折，从小抓起

每当考试季节结束后，各大银行的PB中心（理财室）都会被年轻人挤破门槛。看到普通工薪族很难享受到的VIP接待室里，聚满了20岁左右的年轻人，真令人有些意外。其实这些人都是由父母带他们来银行办理开户。家长之所以会给子女办理这样的存折，除了纪念子女的成人仪式或祝贺大学毕业之外，还有一个重要的原因，就是为了给子女树立一个投资的榜样。在每个人一生的各种价值观中，理财能力可以说占据了主要的地位，这一点相信任何一个现代人都会有切身体会。只是许多时候，人们只是为了让自己的金钱和财产增值而拼命努力，却很少理性地思考，理财能力究竟是源自于什么？

如果仔细观察不难发现，现在许多富裕阶层不仅仅满足于给孩子留下可继承的财产，还会努力培养孩子的理财能力。根据各自的经济条件，家长会为孩子示范如何购买金融产品及进行投资等，让孩子间接体验理财活动。

新闻里经常有现在未成年股东人数剧增的消息。对于尚年幼的学生，提前拥有常人难以想象的巨额资产，可能会让许多成年人感到望尘莫及，联想到自己，恐怕积攒一辈子也不可能给子女留下这么庞大的资产，于是掩饰不住地失落。

难道平凡的父母就没有可留给子女的物质财富吗？未必。方法其实很简单，那就是先于那些富翁家庭，让自己的孩子开始学习理财。这样做，可以提高孩子的财产增值可能性。当孩子的理财活动呈现加速状态时，即使家长没留给孩子什么财产，孩子也能靠自己的能力拥有足够的财富。

我们以 2011 年 8 岁的小学生每月投资 20 万韩元（1000 韩元约合人民币 5.46 元）来计算，假设理财收益为 13%，那等到孩子 27 岁研究生毕业走入社会时，就可以拥有超过 2 亿韩元的资产了。但是如果像大多数人一样，从参加工作才开始每月投资 20 万韩元，那么从 28~37 岁的 10 年间，也只能存到 5 千万韩元。相反，如果从 8 岁便开始投资，持续投资到 37 岁时，甚至可能拥有 8 亿韩元的资产。

这还只是简单的比较，实际上的差距远比我们想象的大得多。从小开始利用三个存折进行实际投资，在理财的过程中培养经济感悟力的孩子，其理财能力远超出这里显示的 13% 的收益率。

而且大多参加工作后才开始理财的人，通常只会将目光锁定在普通

整存整取与保险类的经济商品上。因此，事实上就连一年 10% 的收益也很难实现。

每月投资 20 万韩元的收益

单位：韩元

投资金额 每月 20 万	1 年 （8 岁）	5 年 （12 岁）	10 年 （17 岁）	15 年 （22 岁）	20 年 （27 岁）	25 年 （32 岁）	30 年 （37 岁）
本金	2400000	12000000	24000000	36000000	48000000	60000000	72000000
该年度收益	312000	2021844	5746962	12610249	25255411	48553301	91478155
本利金	2712000	17574494	49954360	109612164	219527800	422040236	795156271

投资金额：每月 20 万韩元。收益率：年 13%，投资金额重新投资时。

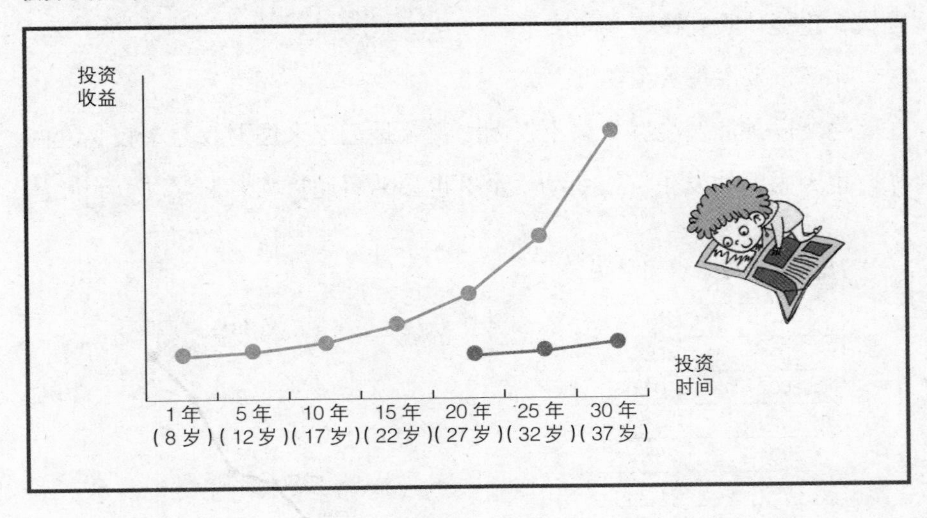

★ 三个存折的推荐理由

其实大家都很清楚，现在是个低利率的时代。因此如果还像过去那

样，仅靠存钱来积累财富，是不可能实现的事。因为每年依靠利息增长的收益率，根本无法追赶物价上涨率。如果能给孩子准备三个存折，就不必再担心这些了。

第一，要准备复利式整存整取存折。

复利式整存整取虽然利率不是很高，但效果会随着时间的流逝，呈几何级数增长。如果有收益为 13% 的复利式整存整取金融商品，那其收益增长率会在 20~25 年后，呈爆炸式增长。因此，即使孩子还未能开始挣钱，也能体验到钱赚钱的快乐。

第二，要准备黄金存折。

之所以关注黄金存折，不仅因为黄金是近年来理财收益率较高的商品，也因为即使发生价格变动，金价也会随着通货膨胀而浮动。因此从

近 10 年黄金价格浮动

年度	价格(美元/盎司)
2001	345.30
2002	340.80
2003	415.50
2004	438.50
2005	517.00
2006	636.70
2007	833.90
2008	882.10
2009	1218.00
2010	1403.20

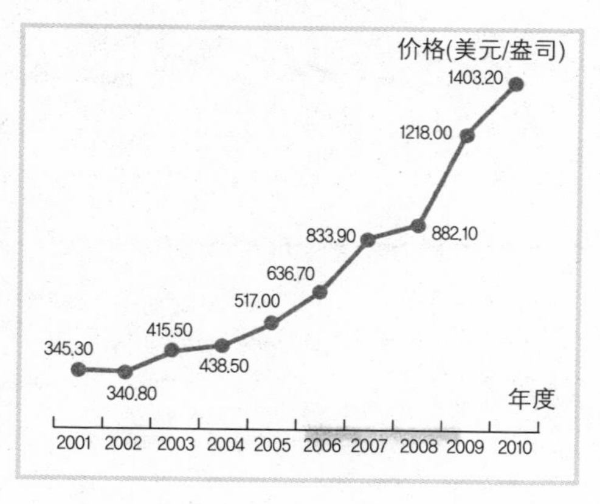

长远结果来看，并不会吃亏。

2010 年理财收益率评估显示，黄金远远超出债券和房地产行业，成为理财收益率的榜首。通过最近 10 年对债券、房地产、股票和黄金收益率进行分析，结果表明，黄金同样创下了最高收益率。

只是如果直接投资黄金，需要额外支付关税、10% 的增值税和保管费等，因此如果可运用资金较少，很难投资这一领域，可以说这是它的一大缺点。但黄金存折不同于此，它不是以金额来计算的，而是按照上面标注的重量（g）来计算，因此完全可以进行小额投资，即使今后金价发生变化，存折里显示的黄金数量也不会发生变化。而一旦黄金价格上涨，就会产生相应的行情差价。

第三，要准备股票存折。

提到办理股票存折，许多家长都会大吃一惊。大多数家长觉得，就算是大人玩股票也难免会亏本，要是让孩子来操作，以后怎么管理股票呢？这些家长认识到股票是可以大大提高收益的一种手段，只是由于他们自身对股票不是很了解，因此会有担心和害怕的心理。有些人甚至会因我的提议而暴跳如雷，认为这纯粹是给孩子灌输天上掉馅饼的投机心理。

其实之所以觉得股票难炒，是因为人们在炒股的过程中，附加了想要短期内挣大钱的贪念。不同于其他投资商品，股票每天都会以数据来表示其跌落与上涨。因此一旦见到收益时，人们就忍不住想要抛售；而发现它跌落时，又会惊慌不定，也很难长期持有。

如果将股票作为子女的人生大计来管理，一切就会不同。众多专家

三星电子股价变化趋势图

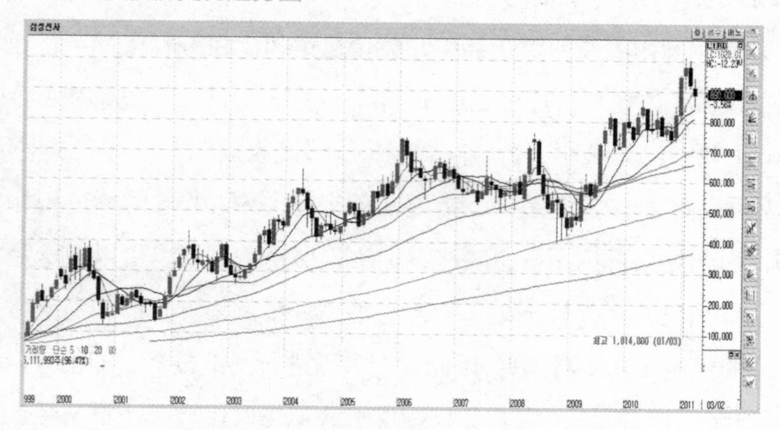

推荐的绩优股，均为分散投资且长期持有的形式。如果不因股票的浮动所动摇（即便是暴跌），能够长期坚持投资，完全可以靠股票投资成功，这一点大家可以通过过去的资料亲自验证。通常股民在股票暴涨时，会被舆论左右，因此错过了最佳的投资时机；而股票暴跌时，又会急于抛售手中的股票，并且变得被动消极，同样错过了绝好的机会。如果能理性地坚持下去，就不会任那些愚蠢的股票投资人的恶习出现在自己身上。

如果能够改变过去那种最多只坚持持有两三年的坏毛病，那么仅靠股票就能创下高于其他金融商品的可喜收益率。如果我们查询优绩股过去 20~30 年间的股价变化，不难发现，大部分优绩股股民都获得了数十倍的高收益（就算有一两家企业出现问题，收益依然会很高）。

普通人之所以惧怕股票，是因为不了解股票。如果能让孩子从小了

浦项制铁股价变化趋势

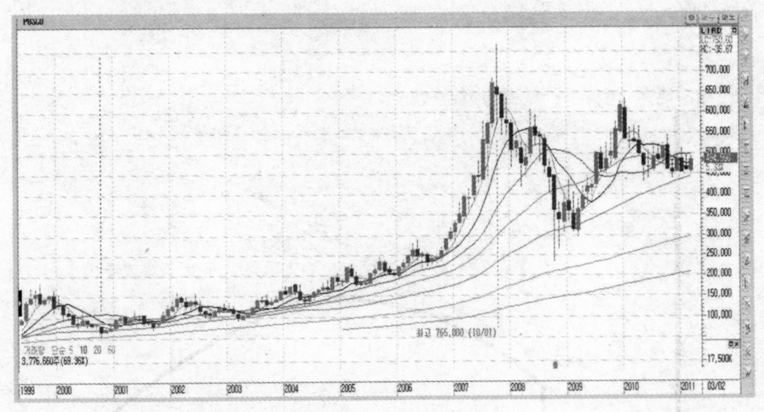

解有关企业的知识，以及操控股票的方法，孩子就会在不断体验成功与失败的过程中，最终领悟一条属于自己的股票投资之路。

由于孩子可以用一生来进行投资，因此只要选好优秀的企业，就必定会收获足够丰富的收益，因为蓝筹股将会持续上涨。

★ 拥有三个存折的孩子的未来

一旦孩子拥有了以上三个存折，将来会拥有怎样的人生呢？就算家里出现了经济困难，只要家长能确保让孩子拥有这样三个存折，当孩子步入社会时，就已经可以在经济上独立了。

一般人进入社会开始工作后，约 28 岁时基本稳定，拥有一定的经济

孩子是否拥有三个存折的收益曲线图

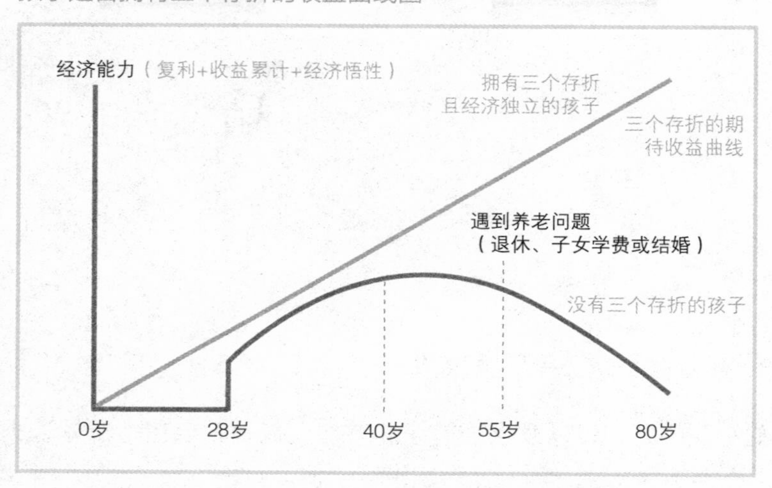

能力，随后结婚并养育儿女。可一旦过了 40 岁，经济能力开始日渐衰退。而拥有三个存折的孩子，在 28 岁时，经济独立的可能性更高。这不仅仅是因为三个存折产生的收益，而是在管理三个存折的过程中，孩子自身已经积累了丰富的理财知识和较强的经济能力，使他的经济独立性超乎想象地提前了许多。

拥有三个存折的孩子在成长的过程中，能够深切地体会到复利带来的收益效果，并且目睹三个存折的收益日渐增长，从而培养自己的理财能力，敦促自己更接近财富。因此，作为家长应该尽早让孩子在理财方面受到启蒙，不至于落后于同龄人。

如何将孩子培养成富翁

2010年，HGR咨询研究所针对韩国1000名成人男女，进行了一项有趣的问卷调查。

“你觉得拥有多少财产才算是有钱人？”

HGR咨询研究所对这个问题的答案进行了一个平均计算，结果得出，将现金、房地产与股票加起来总资产达到33亿8630万韩元，才算是人们心目中的有钱人。也就是说，至少要拥有33亿韩元，才能挤进有钱人的队伍中。当人们被问道：“你是否觉得自己将来会成为有钱人？”回答“是”的人约占41.6%，而其他人则回答“不太可能”或“绝对不可能”。这意味着，差不多10人中有6人放弃了成为有钱人的梦想。

在工作创业最为活跃的时期，早早抛弃了成为富翁的梦想，无疑是折断了自己的理财理念。他们之所以会灰心丧气，是因为骨子里有种偏

见，认为财富在很大程度上是通过遗产获得的。

当家长被问道："你认为你的孩子将来能否成为富翁？"问卷机构得到的答案却与前一个问题完全不同，家长异口同声地回答："肯定会！"是他们对于子女的期待心理，以及家长的补偿心理（愧疚）结合在一起，才促使这些家长回答："肯定会！"也难怪，孩子是家长的希望。天下的父母无一例外，都希望自己的孩子能过上富裕的生活。

家长的这种心理期望，与当前的教育热成正比。韩国国民的教育热世界闻名，堪比犹太民族的教育热情，甚至就连美国总统奥巴马都振臂高呼向韩国学习教育。这说明韩国的教育热在世界上也是数一数二的。而且我们也是头脑聪明且具有勤勉的优秀民族品质，那么经济收入应该和期望成正比啊！然而现实并非如此。

美国经济报《福布斯》每年都会对世界富人进行排名。2009 年，福布斯上榜的 400 名富人中，犹太人占 139 名。2010 年，富人榜中前 40 名的，45% 都是犹太人。与此相比，韩国却没有数一数二的世界级富翁。根据《福布斯》排行，三星集团的李健熙会长于 2010 年勉强排进前 100 名；现代汽车的郑梦九会长，排行 249 名。既然头脑像犹太人那样聪慧，学习也无比用心，为什么在理财能力上却显得如此落后呢？原因到底何在？

我们可以从犹太人教育子女的书籍——《犹太教法典》中寻找答案。犹太人为孩子讲得最多的故事，就是《犹太教法典》，其中包含这样的内容：

“世上有许多种痛苦。失去胳膊的痛苦、没有眼睛的痛苦、失去父母的痛苦、失去爱子的痛苦……然而，这些痛苦加在一起，都比不上贫穷的痛苦。人一旦贫穷，不仅自己会陷入贫困，也会给周围的人带来影响，因为他必须依靠周围人的帮助。所以，无论如何都不能贫穷。

“没有金钱打不开的门，但是不要太接近金钱，以免见钱眼开；也不要过于疏远金钱，免得你的妻子和儿女受人欺辱。”

犹太人会直言不讳地向孩子说明金钱的重要性，同时也会详细地讲解当朋友借钱时要如何应对。犹太人父母正是通过这种方法，向孩子解释金钱在生活中给人们带来的影响，以及正确的金钱使用方法，从而向孩子灌输正确的理财教育。

犹太人从小就会接受有关金钱的现实教育，与此相比，我们在这方面所接受的教育就显得非常有限。不仅如此，还会接受许多有关金钱的负面与否定信息。父辈经常会告诉子女：“垃圾和钱，越积累越肮脏（韩国俗语）。”在他们眼里，毫无避讳地谈论或关注金钱，都是不高尚的行为。

在这方面，学校的教育也有问题。学校一般对于生活中具有实质性的理财教育，一概不进行。

在课本中，只会粗略地提到一些经济理论，而对生活中如何赚钱、使用金钱及如何对待金钱等内容，却丝毫没有提及。因此，孩子直到长大成人，也不了解如何有效地管理金钱，更不懂得金钱的效应价值，满脑子只顾如何赚钱，最后只能尝到失败的滋味。

理财知识，不仅能让我们了解社会的时代发展趋势，还能起到应

对风险与防患于未然的作用。尤其是一旦了解了社会的发展趋势，就可以获知金钱的流向，自然地抓住挣钱的机会。所以说，富翁都是那些准确洞察到金钱的流向，抢先占据地盘且撒下渔网的人，他们从小就开始接受这类理财教育。这正是穷人不了解，富人心里都明白的小秘密。

★ 开放式理财教育，培养未来的富人

“如果我上学时能学到这些教育，那肯定和现在是两个样。”

“虽然我是经济系毕业的，但是和这种教育相距甚远。”

每当针对家长开展“子女理财教育讨论会”时，都会听到诸如此类的话。没有一个正规机构教授理财教育，这就是最现实的教育现状。这不是想学却没机会学造成的，而是由于社会中根本就不存在这种教育，因此就连理财教育的必要性都无从意识。

相反，在世界富翁云集的美国，又是怎样一种情景呢？从小学开始，成人就会对孩子进行具体的理财教育。在班级里制作班级货币进行流通，每个孩子都可以选择一种职业，积极参与到班级活动中。例如，把打扫卫生、送快餐及整理图书等定性为工作职业，并按照职业分发报酬（班级货币），以此让学生了解理财概念。有时孩子们也会通过竞卖活动来筹集资金。有时是将食品作为拍卖品，有时则是把自己不需要的物品作为

拍卖品，从而增添了赚钱的乐趣。

当然，有收入必定也会有支出。例如，没有完成作业，就要交罚金，还有每周教室的使用费要交给老师。周末在学校市场里，可以使用积攒的货币购买文具。这些文具是用社区和家长的捐款购买来的，主要是为了向孩子清晰地展现资金的流通过程。就这样，避免了教科书式生硬的理财教育，而是靠自己的努力，便可以自然领悟赚钱的要领、市场的原理及金钱的用途与价值。

他们在理财教育上投入的努力，不仅表现在学校课堂上，还会延续到家庭里，斯皮尔伯格就是一个典型的例子。著名的电影导演、好莱坞首富斯皮尔伯格，早在十几岁时便开始拍电影挣钱，正是得益于父母对他的理财教育，才能最终理想与财富双收。

正值青春期的斯皮尔伯格曾向父亲借 400 美元，用来拍电影，而父亲欣然接受了这个要求。当然，在给儿子这笔钱之前，父亲首先确认了这笔钱的用途，以及对于借款，斯皮尔伯格必须承担的责任。斯皮尔伯格利用这笔借来的钱，拍摄了科幻长片 *Firelight*（心火），并在当地的电影院里放映。令人惊喜的是，首映时便达到 500 美元的票房，偿还了向父亲借的 400 美元后，还净赚了 100 美元。这次经历，不仅让斯皮尔伯格赚到了第一桶金，而且也让他更坚信自己成为导演的梦想。可以说，斯皮尔伯格的父亲，是这位电影巨人的第一位制作人，也是投资商。

如果您的孩子突然向您要一大笔钱，您会做出何种反应呢？相信没有哪位父母会冒着打水漂的风险，将自己一个月的辛苦钱交给孩子乱花。

但我们也应该注意，很有可能家长的无意之举，就挫败了未来的斯皮尔伯格、未来的比尔·盖茨或未来的沃伦·巴菲特的梦想。

孩子在体验理财活动的过程中，会令梦想变得更具体且鲜明。而这种鲜明的梦想，又能赋予孩子强大的动力，助他坚定地朝着自己的梦想前进。这种良性循环，会让孩子无限贴近梦想。

因此，家长应该认真地思考一下，到底要对孩子进行怎样的理财教育，以及如何为孩子创造理财活动的平台。

03

你的经济生存能力指数是多少

在日常生活当中，最好还是了解一些理财常识为好。

其实在我们周围，金融文盲不在少数。对于表象的物价等敏感的经济现象，或许还能有所察觉。然而对于它在经济现象中发生的原因和如何变化，却感到很陌生。例如，他们对银行信息能略有了解，但利率以什么方式发生浮动，以及为什么各种金融商品的利息不同，却理不清看不明。

如果对每次经历的常识性经济现象都漠不关心，就很难在生活中坚持科学合理的理财行为，也很难对家庭收支进行系统管理，继而很容易陷入经济困境。为了维持平稳且幸福的经济生活，就必须了解一些基本的常识性理财内容。

只有了解了这些基本的理财内容，才能意识到理财能力的重要性，并顺利对子女进行理财教育。首先要进行的，是自测一下自己究竟了解

多少基本理财信息。

经济生存能力指数，即 Economic Life Index for Survival，以下简称 ELIS，在进行 ELIS 指数测试之后，或许您对自己的经济生存能力会有客观的价评。

ELIS 指数　家长

♣ 下列问题请回答 Yes 或 No。

♣ 回答 Yes 的总数量，即为该领域的分数。

1. 银行与金融

	Yes	No
• 对自己存款的银行利率有准确的了解。	☐	☐
• 能够准确区分第一金融、第二金融和第三金融。	☐	☐
• 了解自己的债务（如房贷或车贷）和利息金额。	☐	☐
• 在银行开户时，了解税金优惠政策与利息税金的详情。	☐	☐
• 了解自己的贷款限额与信用额度。	☐	☐

分数

2. 经济与科技

	Yes	No
• 对股票、黄金和债券等投资方式，至少了解 3 种以上。	☐	☐
• 了解年末所得税抵扣方式。	☐	☐
• 了解房产证的信息内容与使用方法。	☐	☐
• 购买股票和基金之前，对该公司进行过概况及业绩方面的了解。	☐	☐

- 能看懂基金资产运营报表。 □ □

分数

3. 风险保障（保险、健康与养老等）

Yes No

- 至少有一种可减压的兴趣活动。 □ □
- 每年至少做一次健康检查。 □ □
- 了解保险领域重复报销与比例报销的差别。 □ □
- 了解退休后自己所能拿到的年金与保险金额度。 □ □
- 能够清晰地解释变额年金保险的概念和益处。 □ □

分数

4. 税金与相关法律

Yes No

- 准确了解工资扣税详情。 □ □
- 能够独立进行年末结算，并返还相应钱款。 □ □
- 转让、购买、注册、赠与及继承税，至少准确理解其中 3 种。 □ □
- 了解辅导班或课外班等解约时的退还条款。 □ □
- 会写特殊邮件的邮寄明细。 □ □

分数

5. 教育（子女）

Yes No

- 知道孩子班主任老师的姓名。 □ □
- 对孩子的未来有清晰的构想。 □ □
- 准备了子女教育资金，并购买保险及相关金融商品。 □ □
- 孩子了解家里的收入明细。 □ □

- 给孩子选择权，对孩子的提问会耐心解答。 □ □

分数

6. 企业家精神、领导才能与自我开发

Yes No

- 将收入的 10% 以上投资到自我提升学习方面。 □ □
- 在所从事的行业组织里，至少负责一项领导班子聚会活动。 □ □
- 至少会一门外语。 □ □
- 至少收到过一次以上跳槽邀请。 □ □
- 无须他人的帮助，也能独立筹划红白喜事。 □ □

分数

7. 信息生活

Yes No

- 了解家庭成员的通讯费（网络、电话和有线电视）。 □ □
- 使用智能手机，并参与两个以上的 SNS（社交网站）活动。 □ □
- 为了合理消费，经常利用互联网（比较价格、社区、二手货或团购等）。 □ □
- 知道传统市场与超市打折的价格差异，并使用菜篮子。 □ □
- 经常整理信用卡和积分卡，善于利用优惠打折机会。 □ □

分数

♣ 完成以上全部内容后，填写下列图表，即可了解自己平时在生活中的经济生存能力值。

ELIS 图：在以下图中空白处填入分数

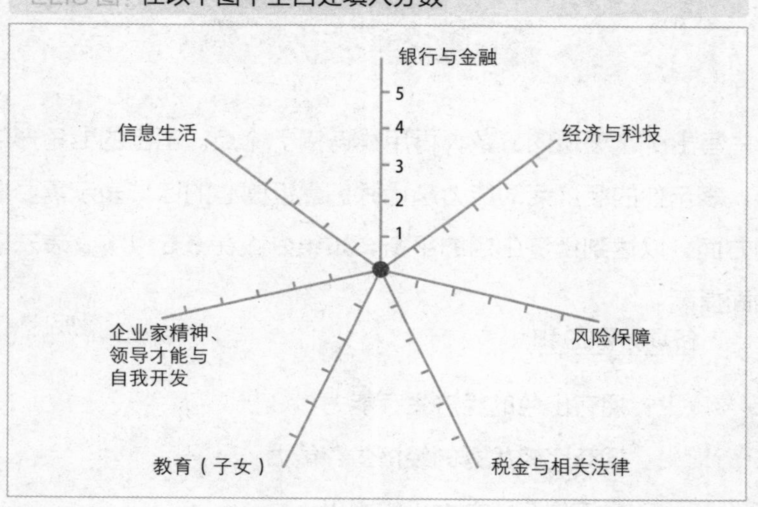

范例 下图表明此人在税金和法律方面管理薄弱。

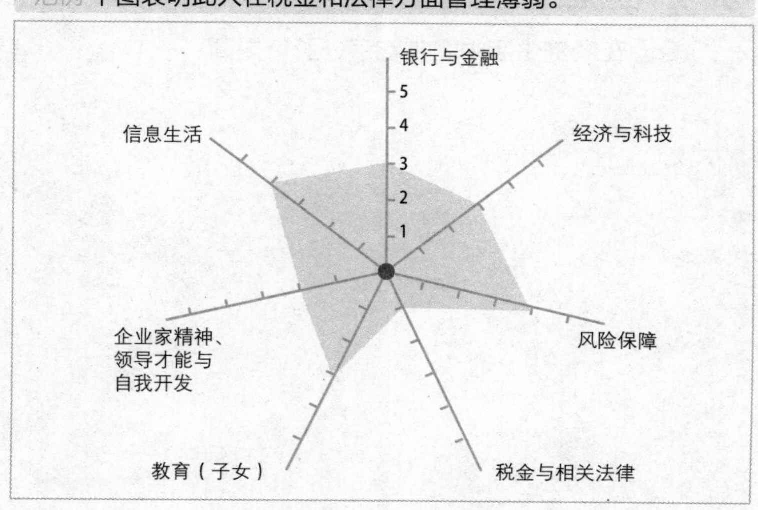

ELIS 图使用方法

先写出 7 个领域的分数，再用线连接 7 个点。画出的七角形越接近圆形，表示你的经济活动能力越优秀。靠近圆心的区域表示需要重点加强的方面，以达到经济生活的平衡。如果分数在 3.5 以下，表示需要进行全面提高。

- ELIS= $\frac{\text{各项分数总和}}{7}$
- 4.5 分以上：拥有出色的经济生存能力
- 4.0 分以上：拥有比较优秀的经济生存能力
- 3.5 分以上：经济生存能力为平均水平
- 3.0 分以上：经济生存能力略低，需要加强
- 低于 3.0 分：在经济生活中经常吃亏，亟待提高

♣ 这里只是进行粗略检测，若希望进行更详细的检测，可登录 www.elisindex.com。

04

了解孩子的经济生存能力指数

孩子从上幼儿园便开始认识钱。他们会逐渐明白，用“钱”这种纸片，可以实现某些愿望。孩子在换取所需物品的过程中，逐渐了解交换价值与金钱的必要性。不管多少，必须有“钱”才能换来所需物品。孩子在认识到这一点后，便开始关注起金钱来。随着年龄的增长，到了青春期，有可能偶尔会盲目地索要钱。

家长对孩子的这种要求，当然会表露出不满。孩子尚不懂事，经常要钱，也让家长非常担心。甚至有些家长会因为不能满足孩子的要求，而在孩子面前经常感到愧疚，充当“内疚家长”的角色。

为了成全孩子，希望满足孩子的所有要求，正是家长的这种心理，让孩子失去了培养理财能力的机会。如果不让孩子在适当的时期接受正确的理财教育，孩子将来只会在理财方面一直幼稚得像个孩子。

和大人一样，孩子也有自己的经济生存能力指数。也许家长觉得，孩子只要听从家长的安排，一生就会安然无事。可是家长不可能一直呵护着孩子，直到他长大成人。孩子也有在他那个年龄需要了解的理财常识，唯有这样，他才能开拓自己的经济意识。因此，了解子女当前的经济生存能力指数，也是非常重要的，因为这个指数可以说明孩子独立自主生存的能力。

完成下面的子女 ELIS 指数测试，我们就能认识到，当前的教育与现实经济的距离是多么遥远。

ELIS 指数　　子女

♣ 让孩子独立完成测试，家长不要介入。

♣ 下列问题请回答 Yes 或 No。

♣ 回答 Yes 的总数量，即为该领域的分数。

1. 经济基础

	Yes	No
• 拥有自己的银行存折。	□	□
• 能说出家庭内部节约的 3 种方法。	□	□
• 选答案之前认真思考，答完题不后悔。	□	□
• 能说出 5 种以上的银行功能。	□	□
• 对家庭的收支情况了解 80% 以上。	□	□

分数

2. 社会协作能力

	Yes	No
• 与独自玩耍相比，更喜欢和朋友一起玩。	□	□
• 每月至少参加一次体验活动（博物馆、银行、百货商店等）	□	□
• 帮家人分担两种以上家务。	□	□
• 每年至少看 4 次电影或表演。	□	□
• 定期且自觉地参加志愿者活动或捐赠活动。	□	□

分数

3. 天才创意性

	Yes	No
• 每天至少向周围人提问 3 次，好奇心强。	□	□
• 喜欢玩拼图、组装或计算类游戏。	□	□
• 遇到新鲜事物，必须弄懂了原理才罢休。	□	□
• 学习或读书时能持续 40 分钟以上。	□	□
• 经常提出奇思妙想。	□	□

分数

4. 货币亲和性

	Yes	No
• 善于管理金钱，不轻易丢钱。	□	□
• 零花钱为现金形式，懂得合理管理。	□	□
• 了解至少 5 种货币类型与世界货币。	□	□
• 去商场或超市购物时，由自己来计算金额。	□	□
• 曾经有过自己努力赚钱的经历。	□	□

分数

5. 计划性与管理能力

	Yes	No
• 拥有记录零花钱的账簿或收据管理夹。	□	□
• 只在规定的时间内玩游戏。	□	□
• 体重和体型保持在同龄平均范围内。	□	□
• 每周至少和家人做一次运动。	□	□
• 全家旅游时，由孩子来制订计划。	□	□

分数

6. 信息应用能力

	Yes	No
• 写作业时善于利用电脑。	□	□
• 和朋友一起玩时，肯定会使用打折券或打折卡。	□	□
• 能画出该地区至少 10 个以上的商铺位置。	□	□
• 能在网上发布照片或故事。	□	□
• 定期阅览至少一本报纸或杂志。	□	□

分数

7. 领导能力、未来出路及全球化

	Yes	No
• 至少担任过一次班级干部。	□	□
• 参加过跳蚤市场。	□	□
• 能够清晰地说出未来的职业取向。	□	□
• 清楚父母从事的职业和工作性质。	□	□
• 生活中或在网上至少有两个外国朋友。	□	□

分数

ELIS 图：在以下图中空白处填入分数

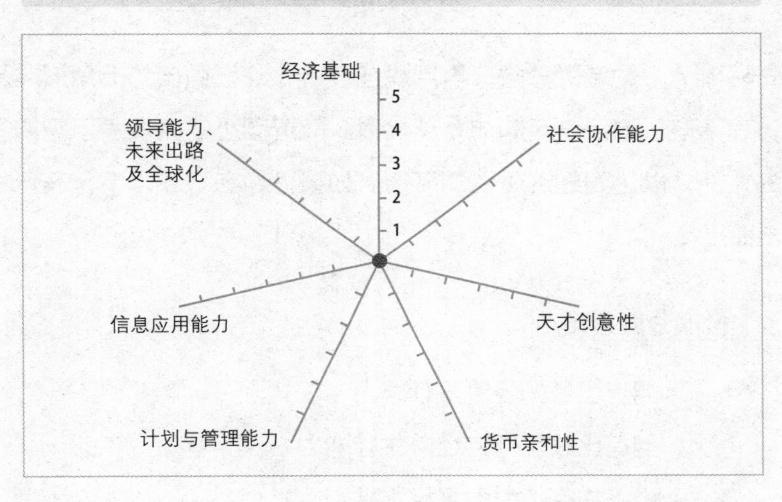

范例 下图表明此人在货币亲和性方面薄弱

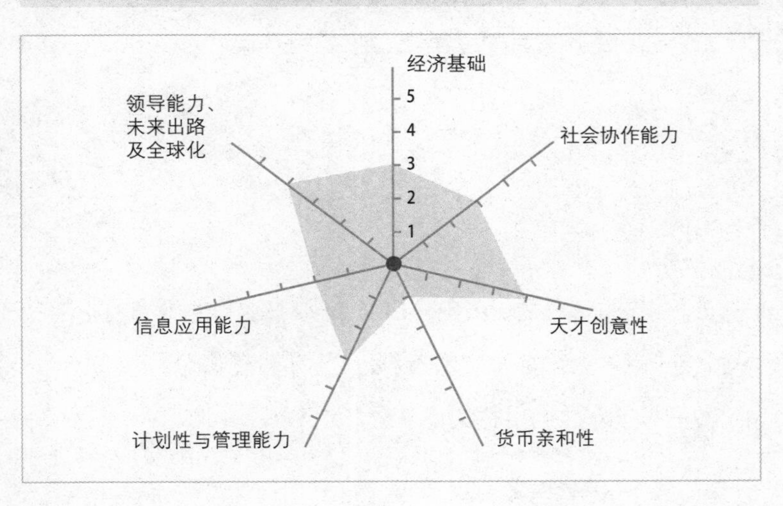

ELIS 图使用方法

先写出 7 个领域的分数，再用线连接 7 个点。画出的七角形越接近圆形，表示孩子的经济活动能力越优秀。靠近圆心的区域表示需要重点加强的方面，以达到经济生活的平衡。如果分数在 3.5 以下，表示需要进行全面提高。

- ELIS=$\frac{\text{各项分数总和}}{7}$
- 4.5 分以上：拥有出色的经济生存能力
- 4.0 分以上：拥有比较优秀的经济生存能力
- 3.5 分以上：经济生存能力为平均水平
- 3.0 分以上：经济生存能力略低，需要加强
- 低于 3.0 分：在经济生活中经常吃亏，亟待提高

♣ 若希望进行更详细的检测，可登录 www.elisindex.com。

通过以上测试，家长和孩子的 ELIS 指数就会一目了然了。家长可以了解自己欠缺哪些经济能力，以及孩子当前拥有哪个程度的经济能力，将来还需要在哪些方面进行努力。

05

理财教育的前提是信任

理财教育说难也不难，其实许多家长正在自觉或不自觉地实践着理财教育。例如，给孩子零用钱、让孩子跑腿买东西以及教孩子节约等，这些都是理财教育的环节。因此，没必要一听到“教育”二字，就谈虎色变。只要从自身情况出发，实践一些生活中琐碎的事情就可以。当然，在开始理财教育之前，首先家长应端正自己的态度，一定要相信你的孩子能做得好。

金钱，经常会让人变得很敏感，把钱交给孩子保管，更会让人感到不安。“孩子能行吗？”“会不会乱花？”家长会陷入各种担忧之中，继而怀疑孩子的能力。而事实证明，孩子往往出乎我们的意料，经常能做出理智的消费，甚至比大人更加明确支出计划，并严格控制消费。

有些人认为孩子还小，肯定会乱花钱，其实这种想法只是一种偏见。

在理财教育过程中，最重要的就是家长要鼓励孩子自己做出决定，并且给孩子足够的信任，然后耐心等待。

我的朋友A君正是通过这种方式，尝到了理财教育的甜头。A君是中小企业的董事长，最初他决定对孩子进行理财教育时，着实考虑了许多。他担心一旦孩子拥有零花钱后会乱花，对孩子的这种偏见挥之不去。经过左思右想之后，他突然觉得自己很傻。明明是为了培养孩子独立生活的能力，却不敢把零花钱交给孩子管理，怎么能奢望孩子独立进行经济活动呢？就连家长都不信任孩子，还谈什么理财教育！于是，他不再犹豫，果断地把零花钱交给孩子来处理。

不过他给孩子零花钱的方式比较特殊，他并没有直接将现金交到孩子手中，而是准备了一个钱夹，把一星期的零花钱放在里面，再将它放在大厅的桌子上，孩子可以随时自由拿取。刚开始孩子对这种方式很不适应，过去都是按照自己所需额度跟父母索要，突然有了自由支配的零花钱，这让他觉得很陌生。钱夹里像模像样地装着钱，感觉像自己领了工资一样。可能是因为新奇吧，刚开始孩子并没有动用钱包里的钱，还是和以前一样，跟爸爸妈妈索要零花钱或让爸爸妈妈买零食。但是除了钱包里的钱，A君坚决没再给孩子其他钱。

这样过了一段时间后，孩子开始翻开桌上放的钱包了。最初还有些躲躲闪闪，很介意家长的眼神，而当他尝试着花了一小部分后，终于意识到这笔钱可以自由支配，就会使用较多的钱购买玩具或零食。A君只是在临近规定日期时，向钱包里放入一定数量的零用钱，其他一概不介

入，以此让孩子认识到钱包里的钱只属于他。

下一步，就是让孩子意识到金钱的责任感。孩子花钱的领域越来越广，他开始向妈妈报告花钱的明细。对于买零食这种琐碎的开销，孩子并不会一五一十地报告，但是一些较大的开销，孩子就会详细地说明。又过了一段时间，孩子渐渐了解那些花销需要用去多少钱，并开始懂得按照不同用途来合理分配零花钱，显示出了非凡的头脑。而家长对于孩子平时的日常生活，也能有更详细的了解。在和孩子交流零用钱用途的过程中，也能更了解孩子在家庭之外的情况。

★信任就像复利魔法

大多数孩子在成长过程中，都会为争取获得更多的零花钱而苦恼，甚至会说些谎话，以此来筹集自己的“备用金”。而在A君家里，却没有发生过这种事。因为家长愿意信任孩子，把钱交给孩子管理，孩子也同样信任自己的父母。

有些家长会借着关心的名义，刨根问底地询问孩子的私生活，而孩子却觉得这是侵犯了自己的世界，对家长会产生抵触心理。在孩子看来，家长的关心变成了干涉。于是，孩子和父母之间会形成无形的墙壁。

在A君家里，当孩子进入青春期时，反而与家长的关系更融洽了。

当然，和其他青春期的孩子一样，到了这个年龄时，A君的孩子也变得难以沟通了。但是，一个人的习惯是不会轻易改变的。当钱包里的钱一下子少了许多时，家长就能意识到在孩子的生活中发生了什么事。但他们没有立刻追问，虽然心里很焦急，但还是耐着性子，等孩子自己主动来讲。事实上，没过多久孩子便会讲出那笔钱的用处。

就这样，家长没有一一过问孩子的日常生活，却也能了解孩子的每日情况，而且当孩子遇到麻烦事时，可以站在孩子的立场上去理解；孩子也能理解父母的关爱，而不会误解这种关心。父子之间的信任会更深厚，即便不刻意去表达，也能感受到彼此的爱。

信任的优点并不仅限于此。A君的孩子除非是在打折期间，否则不会去买衣服。每次都会事先了解百货商店的打折时间，提前准备好打折券，也就是说事先做好相关信息的了解工作再去消费。因为他已经习惯了，在掏钱包之前考虑一下这钱要怎么花以及花多少。

应该说，孩子已经自己领悟了理智消费，而且达到了A君最初的目的，即培养孩子独立生活的自信心。

其实，A君的做法并没有特别之处，他只是放手让孩子自己进行理财规划。为了更好地培养孩子而积极探索和努力实践的态度，正是成功理财教育的秘诀。为了究竟给多少零花钱才算合适而冥思苦想，克制自己不去干预孩子，懂得耐心等待，是理财教育的第一步。通过家长的努力，孩子最终了解自己可以支配的零花钱的额度是多少，并且清楚每笔支出的金额。由此，孩子已经具备了计划消费和合理消费的前提。

在日常生活中展开不起眼的理财教育，可以让孩子与父母之间的关系更亲密。孩子信任家长，并且懂得与家长及时沟通和交流，也起到了培养孩子正确消费习惯与良好人格的培养效果。

理财教育源自信任，耐心和信任则影响着理财心理，这种说法一点儿也不夸张。只要一如既往地信任孩子，就能提升孩子的满足感。只有在金钱领域信任对方时，才有可能将目光放得更远一些，共同面对理财问题。

06

追赶富国的经济生存能力

书店里有琳琅满目的经济类图书：启发经济意识的自我开发书、教授赚钱方法的理财书、培养孩子理财概念的儿童书……由于品种太多，经常让人挑花了眼，不知从何入手。这说明，想要成为富翁的理想，在书店中就会遇到小小的难关。的确，有许多人在阅览众多经济类书籍的过程中备受鼓舞，心中想成为富翁的斗志熊熊燃烧，并且热切地按照书上的内容进行实践，但是真正通过各种指南书籍成为富翁的人却没几个。这是怎么回事呢？

当然，书上罗列的指南可谓完美，无懈可击。只是有的过于理想化，缺少现实操作性，有许多建议中看不中用；有的是方法过于抽象，实践起来太难。

类似每月存多少复利存款或参加某些种类的保险，将来子女的大学

学费就会后顾无忧，这种没有事实根据的所谓完美方案，让人很难信服。因为书中并没有具体说明究竟要如何从零起步，也没有具体的案例让读者直观地理解。于是人们不由得抱怨："到底有没有可以简单做起，从琐事开始的方法？""要是有用小钱筹备创业资金的方法，那该多好！"许多经济类图书的作者忽略了一件事，那就是总结基础性理财内容，才是最现实且有效的方法。

其实，就像在传授造船技术之前，先让孩子对航海充满憧憬一样。一味地想把孩子造就成富翁，让他自己在这个世界里打拼还不够，更重要的是先让孩子具有开阔的眼光，了解社会的发展趋势。就算书上已经罗列出"变成富翁"的指南，如果孩子不能靠悟性去实践，那就等于白费。而孩子一旦拥有读懂世界的眼光与头脑，那即使没人强迫，他也会开始自己感受并领悟，知道自己要学什么和做什么，以及为了什么而坚持。随之孩子就会自然而然地萌生成为富翁的梦想。

由此可见，为孩子孕育蓝色梦想的人，其实就是家长。家长不要仅局限在为追求单纯的财富，而只看重经济基础和技术为主的理财教育层面。要培养孩子的洞察能力，令孩子能孕育远大的梦想，并超越自己。所有行动的第一步，就是让孩子对理财感兴趣。至于家长的物质支持，那是其次的问题。

想让孩子感觉理财是件简单有趣的事情，就要在平时通过游戏和经历，让孩子亲身体验一下。当孩子在此过程中产生兴趣后，就会渐渐感悟到理财原理，并制定自己的目标，从而激发孩子的参与动机。

孩子一旦具备了这种动机，家长只要做好良师益友的角色就可以了。只有在孩子觉得吃力时，适当帮助他一下即可。孩子在面临选择时，如果选项太多，可以根据孩子的接受程度适当分类归整。当孩子想要得到某样东西时，因为钱不够而不让买或父母代替孩子购买，这两种做法都不妥。如果钱不够，可以让孩子攒够了再考虑。当孩子存的钱达到了预定目标时，那余下的钱可以由家长来帮助支付一部分。例如，每月给孩子存 20 万韩元，当孩子到了高中或大学时，其中 2/3（15 万韩元）可以由家长来资助，余下的让孩子靠打工或节省零花钱来抵充。

这一切实践起来并不难。与家长全权包办相比，让孩子自己领会理财理念，养成储蓄的习惯，这种理性的爱与给孩子一切的溺爱相比，更有深层的意义。通过这样的方式培养出来的孩子长大后走入社会，具备更健康的理财理念，会朝着自己的理想奋进。这就是理财教育的力量。

☆ ELIS——造就富翁的魔法

下面，我将正式为你介绍令孩子成为富翁的具体方法。我把这些方法称为 ELIS。这个名字源自于我们之前测试经济生存能力时提到的 ELIS 指数。ELIS 指数越高，意味着经济生存能力越优秀，所以我索性将这种促成富翁诞生的魔法叫作 ELIS 好了。如果你领悟了 ELIS 即将带来的经济效果，一定会体验到神奇的经历，正如它的名字一样。

ELIS 有三个魔法，都是最基础且必须掌握的。首先，从大家熟悉的银行着手。第一个魔法比较保守，而且见效缓慢，因此需要足够的耐心和信任。由于这个魔法牢固强壮，因此把钱交给它保管，肯定不用担心被抢走。这个强悍的 ELIS，就是“复利式整存整取存折”。

第二个魔法也藏在银行里。银行里有各种各样的经济魔法，因此必须慎重考虑选择使用哪些。否则用错魔法，就会被钱财绊倒，所以必须小心谨慎。第二个魔法就是“黄金存折”。

虽说黄金存折也很保守，但是力大无比，非常勤快。只要把钱委托给它，这个 ELIS 就会负责直接和世界进行交易，靠自身价值来调整市场价格，以此来浮动钱的分量。因此，它虽然具有一定的风险，但由于魔法本身足够强悍，所以相对来说，还是稳定安全的。

第三个魔法在银行外面。它开放且华丽，因此会让许多人望而生畏。尽管它变化无常又繁琐，但是只要有足够的耐心去等待，它将为你呈现最戏剧化的魔法效果。为了学习这个 ELIS，我们需要前往证券公司，它

BANK
多多银行
存折

就是“股票存折”（现在大多数银行也可以进行证券交易）。

第三个 EILS，只要把钱放在股市中，它就能自己跑到好地方，并且领来好伙伴。虽然聪明，但由于自身体质不稳定，因此经常会迷路或消失不见。但由于它足够聪明，而且懂得如何让自己膨胀增值，因此是个出色的魔法师，只要懂得驾驭之术，就能获得理想的魔法效果。

只要聚齐了这三个魔法，可以说子女的经济基础也就准备好了。虽然有些家长喜欢稳定，有些家长更喜欢冒险，但是为了对孩子进行系统的经济教育，最好让三个魔法一起参与进来，使孩子有机会从不同侧面了解经济社会，练就一双慧眼。

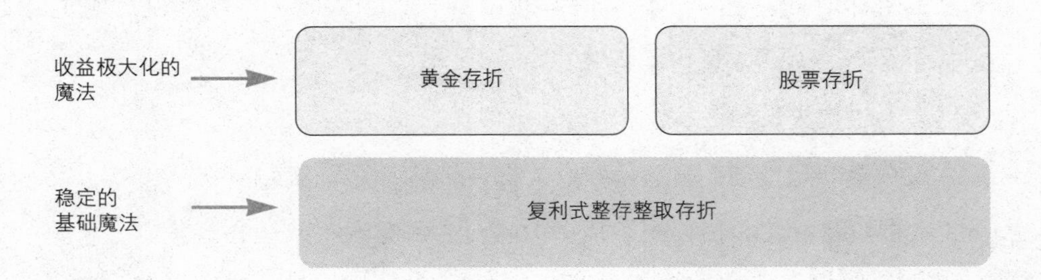

为了能让孩子成为小富翁，我建议把确实可信且稳定的“复利式整存整取”比例调整为 50%。以牢固的复利式整存整取作为基础后，其他两个魔法可以根据实际情况来灵活应用，加大教育与投资效应，以达到最佳的综合效果。

穷人与富人的区别

- 遭遇挫折时，富人会反省自己，觉得自己努力不够；穷人则会抱怨运气不好。
- 富人的嘴里常常挂着“努力”；穷人的嘴里时常挂着“凑合”。
- 富人从失败中吸取教训；穷人则“好了伤疤忘了疼”，很健忘。
- 富人比穷人更用心工作，且游刃有余；穷人懒惰，却看起来忙忙碌碌。
- 富人工作时用心工作，玩的时候也很尽兴；穷人时而手忙脚乱，时而游手好闲，就算休息也不畅快。
- 富人不怕损失；穷人害怕投资。
- 富人看重的是过程，却有所收获；穷人只为结果而忙碌。
- 富人很容易满足，但懂得珍惜；穷人对小额金钱不放在心上。
- 富人遭遇损失时会反省自己的不足；穷人遭遇损失时会感到不安。
- 富人能在不景气的情况下寻找机会；穷人则随大流或凑热闹，徒增不景气的氛围。
- 富人支配金钱；穷人受钱支配。

第二章

第一个存折
复利式整存整取存折：
钱生钱的魔法效果

存折 给孩子的第一个存折

提起复利的效果，大家都觉得还不错，但是亲身尝试的人恐怕并不多。因为想要在金融商品中尝到复利带来的甜头，至少要等上 20 多年才能见效。

但是家长可以想象一下，当孩子大学毕业、参加工作和结婚时的情景。凡是对孩子有期待的父母，经常会憧憬孩子的未来。如果觉得自身投资并享受复利带来的效果，等待的时间太漫长，那不妨把目光锁定在孩子身上。你就会恍然大悟，父母进行投资，而让孩子享受这些，一点儿也不晚。

复利和理财教育有一个公分母，那就是长期投资。所以越早开始，其带来的效应也会如同滚雪球一样越明显。艾伦·格林斯潘，美国国家经济政策的权威与决定性人物，曾担任美国第十三任联邦储备委员会主席，他曾多次强调经济教育与理财教育的重要性。“在小学与中学阶段如果能改善基础理财教育现状，可以令孩子提早掌握理财基础知识。等他成人时，就可以避免许多因错误的理财决定而面临的痛苦。”正如格林斯潘所说的，我们有义务为孩子创造能让他在将来做出明智理财选择的早期环境。

01

三个存折，开启理财教育之门

☆精诚所至，金石为开

只要孩子照着做，就能成为富翁。如果我说这是真的，恐怕许多人都觉得我是痴人说梦。但是连试都不试，就期待成功，恐怕这才是真正的痴人说梦吧！我建议各位家长最好先了解一下周围的金融机构，然后领着孩子去敲敲这些金融机构的大门。

当然我只是打个比方，不过敲敲金融机构的大门，这一步是必经之路。只是在传授孩子叩响理财大门的方法之前，先要明确一下理财教育的目的。

第一步：家长要先了解理财也是生活的一部分，理财具有无比的魅力。

第二步：让孩子通过有趣的生活实例来体验理财活动。

第三步：令孩子对理财感兴趣，并刺激他们的好奇心。

第四步：培养孩子的富翁意识，从而积极确定自我目标。

上述四个步骤，重要的是提前做好准备工作。家长要经常反省一下，看看是否给了孩子足够的理财动机，是否过多地将家长的愿望和干涉融入其中，是否保持了一贯性。如果这些没做到位，那理财教育的目的就会不够纯粹，也很容易偏离培养的目标，走上岔路。所以最重要的还是家长要先端正态度，然后才能进行第五步、第六步。

第五步：和孩子一起去附近的金融机构。

第六步：提出要求——“请办理三个魔法存折！”

其实第五步、第六步与前面四个步骤相比，要简单得多。只要平时多用心，和孩子一起去金融机构体验一下就可以了。完成第六步办理存折后，就会拿到魔法存折，等着孩子成为富翁了。

读完以上过程，许多家长都会质疑“富翁法则”是不是太简单了。不同金融机构的要求可能会有些差异，一般只需要提供孩子与父母的身份证，即可办理以孩子名义开户的存折。剩下的就是给孩子足够的信任，

并等待结果了。

完成以上步骤，可以说已经向成为富翁的目标跨了一大步。那么，究竟哪个魔法存折最能挣钱呢？下面，我将为你详细解释。

☆如何有效利用三个魔法存折?

孩子经常会给我们带来意外的惊喜。比如第一次接触的游戏，很快就能得心应手，甚至还能不厌其烦地为大人解说。孩子能自己领悟游戏蕴含的原理，享受游戏本身，家长当然会感到很欣慰，而且希望孩子对理财也表现出同样的热忱。

ELIS 通过三个存折，每天每月都会为孩子带来惊喜。孩子也可以亲自比较这三个存折，观察哪个发挥了更大的作用，从中感受财富增值的成就感。就像是利用三个存折玩游戏一样，帮助孩子了解金钱的流向和积累财富的方法。ELIS 帮孩子开启经济领域的智慧之眼，实际上也在引导孩子走向财富之路。

存款账户具有复利功能，每月都会在存折上展现它的本领；黄金通过本国黄金交易所或国际黄金市场来显示每天的能力值；股票则通过本国证券交易所来展示每天的能力值。孩子看到不同的金钱流向，肯定会感到很新奇。而一旦孩子领悟了金钱积累的过程，就像玩搭积木一样，会敏感地意识到哪些需要加，哪些需要减，哪些需要等待。

孩子在开设三个存折之后，自然而然地会开始关注行情表，也会琢磨下个月要做哪些金融决定。家长只需要提醒一下即可。

下面将举例说明三个存折的有效利用方法。首先，每月给孩子 5 万韩元作为投资金。此时的投资金应包含在零花钱里。如果不这样做，孩子以为这部分投资金是白给的钱，不属于自己。这样一来，对这部分投资金的关注度也不会太高，很容易就会失去兴趣。所以一定要明确，这也是零花钱的一部分。如果过去从没给过孩子零花钱，那请强调这是零花钱。因为不管是谁，对于属于自己的东西都会格外在意。家长要懂得这个心理特性。

每个月给孩子 5 万韩元时，孩子会向三个存折里各存入 1 万韩元，剩下的 2 万，在黄金存折与股票存折中选择一个存进去。这时家长可以问问孩子选择的理由，并且提供尽量多的信息，帮孩子做出更理智的选择。

此时，孩子的两个存折里各有 1 万韩元，而最终选择的一个存折里，则有 3 万韩元，家长可以向这个存折里再存入一部分钱。

以上行为的目的是为了让这三个 ELIS 魔法，将来能一直陪伴在孩子身边，为孩子创造财富。假设家长追加投资 30 万韩元，那么 15 万可以存入复利式存折，剩下 15 万可以按照孩子的意思存入其中一个存折里。这时需要遵守一个原则，就是为了确保安全性及将复利效果最大化，应向复利式存折里存入 50%；而追加投资的另一半，即使与孩子的意见产生分歧，也要尊重孩子的意思进行分配。唯有这样，孩子才会信任家长，

	**第一阶段** 给孩子 5 万韩元的投资金。
	**第二阶段** 向三个魔法存折各投资 1 万韩元。
	**第三阶段** 孩子和父母商量之后，在黄金存折或股票存折中任选一个魔法存折再投资 2 万韩元。
	**第四阶段** 家长每个月向孩子的复利式整存整取存折里追加存入 15 万韩元，作为基础存款。
	**第五阶段** 针对第三阶段孩子所选的存折，家长追加投资 15 万韩元。
	**第六阶段** 和孩子一起确认每天、每周及每月的存款余额，从第一阶段开始重复操作。

并且深刻地体会到自己对这部分钱款的自信心与责任感。

通过以上细节，孩子可以了解存折的使用方法。而且在这个过程中，家长可以和孩子进行有关理财方面的对话和交流。如果仔细观察，家长会发现在这个过程中，孩子变得更主动了。孩子会通过报纸或存折，确认每天或每月自己所做的决定带来的结果，表现出对理财充满了好奇。为了下个月能进行更好的投资，必须认真反省一下当月的投资情况，积极摸索新的投资方式。简而言之，孩子提早开始了成为富翁的训练，而且是每天、每月不间断。可以说，三个存折的存在，大大发挥了其理财教育的作用。

小时候开户的个人存折，除了对理财教育和沟通交流有益之外，还能带来免税优惠。通常，作为给子女的零花钱及教育经费的钱款，不会产生赠予税问题。即便将来可能导致一些问题，未成年可以免去 10 年，共计 15000 万韩元的赠予税；成人则可免去 10 年，共计 3000 万韩元的赠予税。

因此，上述方法除了具有理财作用，还可以起到避税作用，因此三个存折的作用非常经济实用。

由孩子管理的三个魔法存折各自发挥功能时，孩子的富翁梦想也变得更鲜明起来。让我们沿着梦想的足迹，更进一步探索孩子的富翁之路吧！

02

值得信任的 ELIS 复利式整存整取存折

有人说，复利式整存整取就是储蓄界的葛朗台，同时它也是将零钱“变”成一大笔钱的魔法师。

复利式整存整取是每月存入定额钱款的储存方式，其投资方式稳定且传统。存钱当然会产生利息，共有两种形式的利息：一种是银行每月都会针对开户人存入的钱支付利息，叫单利；还有一种是本金连同利息一起折算次月利息的形式，叫复利。

单利只是针对本金计算利息，而复利则是本金加利息一起计算利息。因此，复利与单利相比，能创造出更多的收益。所以它这个“葛朗台”，是有主见且懂得如何为自己揽钱的聪明葛朗台，是能让钱生钱的魔法师。

单利与复利利息的计算方式

• 单利：S=A+(1+rn)

• 复利：S=A(1+r)n

（S 指本金加利息的合计；A 为本金； r 为利率； n 为期限）

即使不代入复杂的数据，我们也可以一眼看出，本金加上利息后计算利息的复利存折对投资人更有利。正因为如此，银行会适当调高单利存折的利息，适当降低复利存折的利息，以此来缩小两者之间的差距。这在开户人看来，是一种极其小气的手段，但却蕴含着严谨的企业运营逻辑。所以说刚开始相差较大的存折，经过了一段时间后（如 10 年内），到期时则不相上下。

而一旦这种投资长期进行时，情况就开始发生变化了。即便是利息相等的情况下，复利也必然会比单利更有利。

进行 30 年长期投资时，单利与复利的收益比较

（扣税前，投资金额为 1000 万韩元，收益率为年 10%，单位：万韩元）

时间	单利	复利	差额
1 年	1100	1100	100
5 年	1500	1610	110
10 年	2000	2593	593
15 年	2500	4177	1677
20 年	3000	6727	3727
25 年	3500	10834	7334
30 年	4000	35663	31663

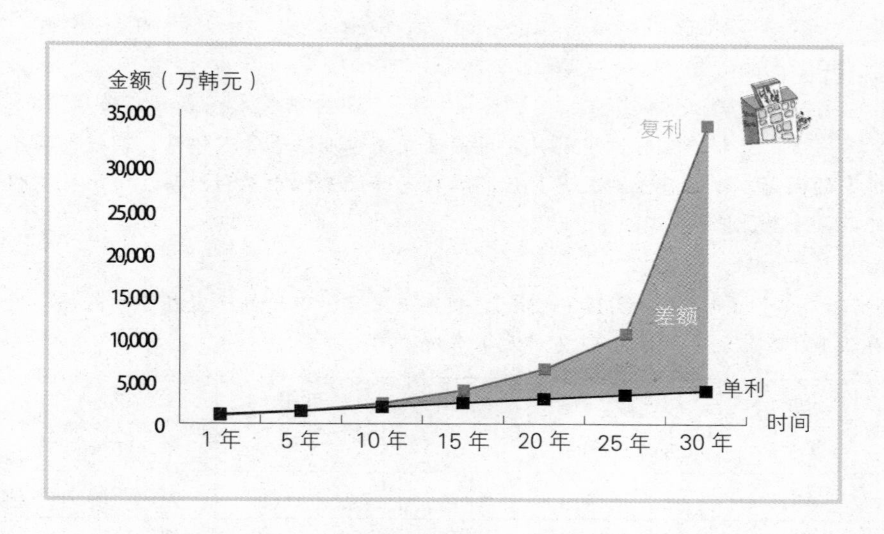

长期投资时，复利的优势就会显现得非常明显。老百姓中也流传着这样的话：“复利是个魔法师！”说它具有魔法师一样的神奇效果，是因为复利会带给人们如滚雪球一样的经济效应。

当然，想要切身感受到这种实惠，至少要投资 25 年的时间。所以说越早开始投资，复利带来的效果就越明显。难怪爱因斯坦把复利效果称为“人类最伟大的发明之一，世界第八大不可思议”。因此将来能够享受滚雪球收益的不仅是孩子，还有家长自己。

不过凡事没有绝对，不能一口断定只有复利才是最有利的。这需要根据不同的投资时间及利率的高低，最终确认究竟哪个才是更有利的投资方法。也就是说，想要让复利存折达到滚雪球的效果，必须满足三个条件，即投资时间的长短、投资资金的数额和实现的收益情况。

小贴士

单利产品与复利产品的实际比较

——当前市面上银行出售的两种金融产品（2011年3月为准）

通常，复利产品通过限制月支付额度或支付期限等管理体系，来控制利息过高的问题。银行甚至会把复利产品的利息降低至低于单利产品，由此将复利的效益降至最低。

银行A: 单利（4.7%），复利（4.3%）。利率差不多，但是只限定在5年内每季度存款100万韩元（每月约33万韩元）有效。

分类	月存款额	利率	期限	本息合计
复利	25万韩元	4.3%	5年	16，761，163
单利	25万韩元	4.7%	5年	16，791，880

银行B：在每月1千万韩元范围内，利息比较高，但是相比单利商品（4.7%），复利利率（3.3%）更低，期限也限制在5年内。

分类	月存款额	利率	期限	本息合计
复利	25万韩元	3.3%	5年	16，258，140
单利	25万韩元	4.7%	5年	16，791，880

·单利商品也有年复利收益，月复利与年复利相差不多，所以还是选取利率较高的产品才最有利。

每个金融机构里，能选择的复利商品并不多。更多的时候，只是借着复利的名义，以低于单利商品的收益率提供给客户。因此，不要盲目地被复利的名头迷惑了双眼，必须拨开面纱去探究真正的收益率。

☆ 如何办理复利式储蓄存折

电视台曾经播出过一期理财节目，特意强调复利的重要性。节目内容讲的是有个人每月投资 50 万韩元，年收益率为 10%，持续储蓄了 30 年，最后变成 11 亿 3 千万韩元。本金不过是 1 亿 8 千万韩元，而复利这个神奇的魔法师，竟然在多年后变成 6 倍多的钱。这让人们不禁对复利刮目相看了。

估计许多朋友看到这个故事时，会惊叹不已："真是不可思议！"要是本息数目不大，倒还好估算，但由于太出乎意料了，很难推算出大致的结果。周围人觉得不可思议，这很正常。说实话，在我们的现实生活中很少会遇到这类案例，可以说它是超出想象的一件事。因为不仅不存在年收益率为 10% 的商品，也很少有人能投资这么长时间。

然而，我们不必因为这个故事偏离现实太远，就灰心丧气。不要忘了我们读这本书的目的，是为了培养孩子的理财观念。只要是为了子女的人生计划，那完全有可能让人生的梦想变成现实。也就是说，如果我们把目标定在孩子的未来，那么办理一个长期投资存折，让子女在长大成人后成为富翁，也不是什么不可能的事情。

所以，晚开始不如早开始，复利式存折还是早点儿申请，更有利于长期投资。为了能使这个目标成功，最好先了解几个前提条件。

第一，要进行长期投资。

前面已经多次提到，复利的魔法就在于时间长。为了达到理想的效果，最好能投资20年以上。因为无论收益率大小，只有通过长时间的坚持，才能见效。

第二，尽量选择收益率较高的产品。

正所谓积少成多，时间与财富是成正比的，但是还要看起点高不高。如果收益率较高，那可能经过时间的积累，收益会像喜马拉雅山一样高大；而如果收益率不高，那么顶多也只能成为一座无名山。

因此，想要达到最佳的复利效果，就要尽可能选择高于物价上涨率的收益产品。

第三，必须是免税产品，才能让复利效果最好。

如果经过数年的努力和耐力积累成财富的高塔，再有人想从上面抽掉一个砖头，可不是件容易接受的事，仿佛抽掉砖头后的空缺会导致整座财富塔轰然而倒似的。所以必须事先确认一下，所选的商品属于免税、税率优惠，还是单独课税。

当这些事项都确认之后，就可以为孩子办理复利式整存整取存折了。具体可以分成下列7个步骤。

第一步：与孩子一起了解周围的银行信息。

第二步：从众多的银行中，寻找“××银行”的位置。

第三步：准备好孩子与父母的身份证。

第四步：去最近的××银行。

第五步：取号，在开户区等候。

第六步：申请办理让孩子成为富翁的“复利式整存整取存折”。

第七步：办理成功。

步骤很简单，只要照做就可以拥有第一个魔法存折的神力。其实，在中国的传说故事中，就有关于复利带来神奇收益的故事。

中国古代有个皇帝，许诺重奖发明象棋的人。当皇帝问发明者想要什么奖励时，那人回答说想要豆子。

“请在棋盘的第一格里放一颗豆子，第二格里放两颗，第三格里放四颗……依此类推，只要按倍数放满就可以了。”

皇帝听后觉得太简单了，于是欣然答应。没过多久有个大臣前来报告，说：“皇上，恐怕要将国家的粮仓都掏空，才能满足那个人的要求。”因为按照发明者的要求，最后一个棋格里要放入25位数的豆子，即共计1，208，925，819，614，629，174，706，176颗豆子。

从这个故事中我们不难看出，想要在低利率时代做个明智的准富翁家长，必须有一双慧眼，辨认出高利率的复利产品和免税产品。给孩子

办理的第一个存折，就像这个以倍数填满棋盘的豆子一样，是确保孩子将来成富翁的坚实基础。

小贴士

未成年人办理存折时的注意事项

以未成年人名义办理存折时，需要准备以下材料：

1. 父母身份证
2. 家属关系证明材料（户籍本、户籍复印件、父母关系证明材料、基本证明材料）
3. 交易印章

※ 每家金融机构在办理未成年存折时所需的父母关系证明材料略有不同，因此应提前致电咨询，再去办理。

03

自然培养孩子的理财习惯

孩子就像橄榄球一样，一会儿也坐不住，一点儿耐心也没有。所以就算办理了复利式整存整取存折，父母也不会安心，总是担心孩子会不会按照父母的指点来管理好这个存折。前面已经提到过，对于孩子的理财实践，父母要给予足够的信任。但是仅仅有信任就万事大吉了吗？绝对不是！信任只是最基本的前提，而不是具体的方法。并不是把土地犁好，就会长出新芽，还必须播撒种子，并勤施肥，才有可能收获更多的粮食。

储蓄也是一样的道理。单纯监督孩子完成储蓄，恐怕没有哪个孩子会认为："为了我的将来，我一定要从现在开始储蓄，让收益成倍！"就算看到存折里的钱日益增多，也很难认识到："这都是属于我的钱，我一定要更努力地管理存折。"

只有当孩子认识到金钱的价值时，才有可能自觉地产生这种想法，而且低龄的孩子很难把存折里的钱和实际的钱联系在一起。所以必须通过正确的经济习惯确认金钱的价值，三个存折才会变得更现实且具体。

三个存折固然重要，但是培养孩子良好的理财习惯也同样重要。复利式存折好比是肥沃的土地，那么良好的理财习惯就是肥料，唯有把好这一关，才有可能收获成为富翁的种子。

那么如何培养孩子的理财习惯呢？许多家长可能会立刻想到，让孩子建立记录零花钱的账本，学会储蓄或注重节约等。的确，在家里为孩子实行具体而系统的理财教育，并不是一件轻松的事情。稍微引导不到位，很容易让孩子误把理财习惯当成一种规则或义务，把理财习惯当成敷衍家长的一种任务，而无法做到自觉遵守。所以，家长在培养孩子的理财习惯时，首先要将头脑里固有的偏见丢掉，才有可能有效地去培养孩子的理财习惯。

例如，不要以为记录零花钱账本，善于储蓄，懂得节约就能成为富翁。重要的不是表面的东西，而是能不能成为自然的习惯。因此，需要用与过去完全不同的全新视角来培养孩子的习惯。让我们丢掉偏见，一点点学习如何从小事开始培养孩子的生活习惯吧！

☆进行理财教育之前，家长的疑问

前面我一直强调，理财习惯是生活教育的一部分。理财教育可以帮助孩子在日常生活中具有正确的视角，清晰分辨是非。因此，从小开始进行理财教育，才会让孩子更容易了解，接受得更快，对理财教育少一些排斥心理。

事实上，家长也承担着不小的压力。“坦白地说，我这个当父母的都不了解理财，怎么可能教好孩子呢？”有不少家长向我诉苦。他们之所以有这种负担，是因为把理财这件事想得太复杂艰深了。理财可不是天文数字，也不是需要具备资格证才能传授的专业知识。

通常，一提到理财教育，人们很容易联想到人事、财务、会计、消费者心理、宏观调控及微观调控等经济术语。其实面向孩子进行理财教育时，通常是围绕着“货币、合理选择、机会成本、价格、协商、零花钱及金融机构”等具体且实用的生活内容来进行。所以真心奉劝家长们，别因为过大的压力而丧失信心，轻易放弃。我想针对家长最关注的几个问题，做一下专业的分析和解答，也希望家长看过之后，能以轻松从容的心态去培养子女的理财习惯。

▶ 在家庭及日常生活中，家长可以进行哪些经济教育?

首先，不必把这件事想得太复杂。只要在孩子的生活范畴内开展理财教育即可。唯有这样，孩子才不会感到陌生，更容易产生兴趣。

可以选择生活中孩子接触较多的内容重点展开，例如，家庭内资金的流向、父母的职业故事、生日庆典策划、买菜、购物以及在银行里选择金融产品等。

▶ 孩子还处于小学低年级，有必要了解理财吗？

在韩国，上一代人对于金钱都持有否定认识和偏见，认为纯真的孩子和经济领域格格不入。然而回顾一下过去就会发现，上一代人以及我们这一代人，小时候接触经济学的机会几乎没有。人们都是进入社会之后，才切身体验到因为不了解经济知识导致生活的艰难。父辈的这种经历，不必让我们的下一代重复且沿袭下去了。

▶ 我想针对幼儿或小学低年级孩子开展理财教育，请推荐适合的活动主题。

由于幼儿还没有确立金钱或经济概念，因此可以从了解基础概念开始。例如：用硬币和纸币相互交换；在报纸上找找与爸爸妈妈的职业相关的内容；利用储蓄罐存钱；去商店买饼干等，这些活动都可以赋予一定的趣味性，可以当作游戏来进行。

当孩子升入小学，等他形成了一定的金钱与银行、收入与支出，以及各种职业等概念之后，就可以在实际生活中多创造条件，让孩子亲身体验一下。例如，买零食后找钱、在银行开办存折、管理零花钱和帮忙做家务等，都是不错的内容。

04

给孩子零花钱的必要性

我为家长们做讲座时，听到最多的提问就是关于孩子的零花钱问题。例如，给多少合适？要是很快花光怎么办？零花钱账簿到底记不记？有些孩子对家长给的零花钱一分也不花，这样好不好？

零花钱本来就是给孩子，并让他在日常生活中自由支配的钱。对孩子来说是第一份不劳而获的收入。所以孩子将怎样支配这些钱，家长是很难摸得透的。正因为这样，家长才会一边给孩子零花钱，一边又忍不住担心孩子乱花，拿不准是不是每次花销都要确认。家长会有这些疑问，是很正常的。

我想问各位家长，当初给孩子零花钱时，内心是不是有什么期待呢？家长不会无缘无故给孩子零花钱的，或许是希望孩子能学会有计划地花销，并懂得自我约束吧？当然，也有一些家长希望给孩子提供一个

可以尝试消费的机会，从而了解钱的珍贵与家长赚钱的不容易。还有一些家长因为看到别人都给，于是自己也给孩子零花钱。除此之外，有些家长觉得每次孩子要零花钱时分开给，很麻烦，于是会定期给孩子一些钱。不管是出于何种理由，只要能遵循基本原理，那么零花钱可以说是培养孩子理财习惯的最好且最有效的方法。

通过零花钱，可以培养孩子以下几种基本能力：

第一，计划能力。零花钱有一定的限定额度，因此如何有效消费和管理是问题的关键。孩子如果清楚自己得到零花钱的额度和所要使用的期限之后，就会尝试着制订计划，从而慢慢形成习惯。

第二，管理能力。如果制订了零花钱的使用计划，就要严格按照这个计划实行。所以孩子会尝试采用记录零花钱开支与收集发票或收据等直观的方式。

第三，自制力。大多数情况下，孩子分不清为满足生存需求的必需品与自我欲望满足的非必需品。也就是说，分不清哪些是必需的，哪些是需要加以控制的，而且在这一点上很容易和父母产生摩擦。

虽说为了生活得更加滋润，有时候需要满足自我需求，但是对于孩子的零花钱教育来说，首先应灌输他有关生存需求的理念。可以让孩子尝试收集发票与收据，并记录零花钱账簿，在这个过程中，孩子会逐渐学会区别二者。

第四，未雨绸缪的能力。成人通常通过购买保险来为自己的未来增

添一份保障。但孩子对未来的概念还不是很清晰，对于年幼的他来说，当前的满足相比遥远的未来更有意义。这种现象非常普遍，因此对孩子来说，将储蓄变成一种习惯并不是一件容易的事。尽管如此，家长还是要提醒孩子，储蓄是为将来提供一种保障。

许多专家建议，可以让孩子从零花钱中扣除需要储蓄的部分后，才能花销。但是如果零花钱本身就不是很多，从孩子的立场考虑，建议不要刻意强调储蓄优先。在零花钱尚不充分的情况下强迫孩子去储蓄，很容易扭曲孩子的消费习惯。

第五，扩大收入来源的能力。对家长来说，收入来源就是每月的工资；对孩子来说，他的收入来源就是父母给的零花钱。收入是固定的，如果想要多给自己一些保障，除了节约开销之外，就要扩大收入来源。

下面我来讲两个概念：一是通过生产劳动换来价值；二是让钱生钱的投资行为。

银行利息、股票分红、股价上升和债券收益等，在现代社会被人们认为是理财技术，为孩子讲讲这方面的内容，效果会很显著。如果是高年级孩子，可以让他体验一下短期打工和跳蚤市场等活动，以此来扩大收益来源。相信这些体验会让孩子渐渐理解劳动的代价与金钱的价值。

给孩子零花钱，并不是为家长省事，而是为了培养孩子合理的消费能力及计划和管理的能力。如果家长代劳一切，替孩子做主，也许眼前

可能很轻松，但是久而久之，会让孩子的理财判断力不如同龄的孩子。家长要把决定权和消费权交给孩子，让孩子自己独立做出合理判断。

☆给多少零花钱才合适?

让我们先了解一下给孩子零花钱的技巧。到底什么时候开始给合适？给多少才好？其实没有什么硬性规定必须从几岁开始给。只是专家认为，最好等到孩子了解了钱的使用价值，并具备独立管理的能力时才开始。

通常孩子到六七岁时，就能认识到货币的功能了。而自我控制力，通常是在小学二三年级时具备。因此，根据家庭条件和环境因素，最适合给孩子零花钱的时期，是在孩子上小学 1~3 年级期间。如果是低年级，可以缩短支付周期；越到高年级，越适当延长零花钱的支付周期。

低年级孩子可以 3~7 天为周期给零用钱，高年级则适当延长周期，以 1 个月为周期给孩子零花钱。因为低年级孩子对于明天或后天这种短期计划，还能理解和接受，对于长期的概念相对薄弱一些，因此很难驾驭好零花钱的长期管理。所以第一次给孩子零花钱时，应留意这一点。等孩子熟悉了如何管理零用钱之后，再视情况灵活地延长期限，而不是过于局限于年级。在这个过程中，家长会发现孩子在生活的其他方面，计划能力和管理能力也会相应得到提高。

在给孩子零花钱的同时，如果能附带其他创富方法，会令教育效果更明显。例如，在家中安排一些孩子可以做的事情，为父母或其他成员提供便利等。家长和孩子一起商定孩子的工作项目后，根据难易度和效果给予经济报酬。可以因材施教，如果孩子对比较难的工作也能坚持，而且表现出难得的忍耐力，可以多给一些报酬；而相对简单的工作则可以少给一些。但一些自己应该做的事情，如打扫房间、洗漱和学习（写作业、做功课）等，则定为义务事项。如果没有遵守义务事项，可以实行一定的罚款机制，以此来加深孩子的责任意识。

当然，这时不能只要求孩子遵守规则，家长也要履行自己的义务。共同遵守规定，才能营造公正的氛围，让孩子能正常地体验通过劳动赚钱的经历。孩子自然也会懂得劳动的价值，以及多劳多得的道理。

至于零花钱到底给多少合适，没有一个固定的数额。每个家庭可以根据自身条件来设定。首先，把每月投入在孩子身上的花销单独整理出来。

每月观察孩子在交通、零食、学费、杂费、餐费和通讯费等方面的开销，算出合计，就能知道大概的零花钱标准。算出合计后，把80%的金额作为零花钱为宜。如果不想将学费计算进去，可以把学费去除后，在剩余金额里计算出相当于80%的额度即可。例如，每月单纯用在孩子身上的花销为5万韩元，那零花钱以4万韩元为宜。不建议按照100%的比例给孩子零花钱，因为孩子只有在感到钱稍微花得紧巴巴时，才会感到危机，这样才能有计划地管理支出部分。

当然，有些孩子可能依然会缠着爸爸妈妈，多要些零花钱，甚至要赖，自己的钱舍不得花，需要什么就跟妈妈伸手要。如果你家的孩子刚好属于这种类型，那就需要向孩子详细说明零花钱的含义。如果零花钱不够花，孩子很可能试图用谎言来骗取更多的零花钱，或者干脆背着父母去掏他们的钱包。因此，针对零花钱的用途，家长要和孩子进行商量，如果要求合理，那就用金钱来实践（但这时，也只给孩子要求金额的 80%）。

如果零花钱是为了买零食吃或沉迷于网游，那就需要和孩子认真谈一谈，找到一个和谐点，一起商量零花钱的使用范围及支付期限。除了约定的零花钱，其他额外的钱一律禁止随意交给孩子，当然，孩子自己通过劳动挣到的“工钱”例外。整个过程中，相信孩子也能学到“协商与沟通”的理财理念。

下面讲讲零花钱的支付技巧，以及如何管理才有利于好习惯的养成。这里需要补充的是如何处理孩子意外的收入。例如，亲戚来访或其他长辈给的红包与压岁钱等。这些钱比零花钱的额数多时，要怎样妥善管理呢？“万一弄丢了怎么办，妈妈帮你保管。”“爸爸妈妈每月都会给你零花钱，这些钱就用不着了。没收！”这种不民主的态度还是不要向孩子展现为好。因为正当孩子要形成合理的理财习惯时，家长的这种不民主态度很容易令孩子不知所措。

我建议，如果孩子还是幼儿园小朋友，自我意识很强，应把这些红

包钱交给孩子，让他放在存钱罐里，明确这是属于孩子自己的；如果是小学生，可以以孩子的名义，将这部分钱存入银行，并把存折交给孩子保管，孩子也会有种拥有感。

小贴士

如何才能避免中途从存折中取钱?

将孩子希望支出的金额分为长期支出与短期支出两部分，并在存折上附上照片和题目。凑齐该资金之前，家长可以支持一下，再加上孩子自己努力攒钱，整存整取存折通常不容易半途而废。这对于控制当前的欲望，成就未来的梦想也很有帮助。

05

不要让孩子记录难懂的零花钱账簿

如果被问及："念书时是否喜欢数学课？"回答"是"的家长肯定不在多数，我也不例外。虽然我从事与数学打交道的职业，但也会谈数学色变。因为数学就像头疼的作业一样，总令我对它避而远之。或许家庭主妇记录家庭收支账簿时，也会有这种感觉吧？虽然有不少家长一丝不苟地记录着家庭收支账簿，但对于多数人来说，记账永远是件烦人又琐碎的事情。对孩子来说，记录零花钱账簿时也是同样的心情。

虽然有不少专家建议，要从小培养孩子记账的习惯，并将这种习惯生活化。但是我们也该实事求是地理解孩子，对孩子来说，这些记录无异于头疼的数学作业一样，不仅枯燥繁琐，而且如果把握不当，很容易令孩子对数学产生排斥心理。因为记录这种零花钱账簿，就好像是给孩子施加了更重的包袱一样。

因此，我不建议家长过早地让孩子养成记录零花钱的习惯，如果过早地令孩子感到压力，很容易弄巧成拙，让孩子变得疏远理财。

大家可能见过规范的儿童记账本，上面甚至罗列了大人看了都头疼的项目，例如，“结账款项”“余额”“贷方”“借方”“总计”等。这些术语到底是什么意思，孩子很难理解。一旦感到无趣，那就没了积极性。也许开始几天孩子的兴致很高，而且当前余额和收支刚好吻合时，也会感到很骄傲。但是这种金钱和数字相符的题目算来算去，很容易让孩子感到是一种负担，甚至在某个阶段不由得叹气，没了兴致。这样越拖越多，孩子很容易把它看作是一项难搞的作业。

当然，并不是说完全忽视记录零花钱账簿，如果不知道这些零花钱都花在什么地方了，那当初家长给孩子零花钱时，想要达到的教育目的也会变得毫无意义。想要通过零花钱让孩子学会计划消费和合理管理，只有采用与记录零花钱账簿类似的方法，孩子才能看到消费明细，了解何时何地花了多少钱。了解了交易方式，才能认清自己是否属于超前消费（超额消费），并进行反省，从而对于今后如何管理零金钱，才会有更理性的认识。如果没有消费明细，那么对于钱的价值观就会荡然无存。所以记录明细环节是必不可少的，关键是如何操作才能让孩子记好账，又不会感到压力。

零花钱和零花钱记账本要想符合“子女理财教育”这个目标，就必须要有趣、简单，还要遵循教育学领域提倡的“Handed on-Minds on（亲身体验，获得原动力）”理念。不仅要激发孩子的兴趣，令他主动尝试，

还要利用生活中熟悉的元素来进行理财教育。收据管理账簿难度不大，又能让孩子感兴趣，因此用于进行理财教育，是绰绰有余的。

我曾进行过无数次讲座，也听取了不计其数的家长和孩子的经验与意见，由此才总结出收据管理账簿的优点：既操作简单，也能随时亲眼确认金钱的支出明细，更省去了必须一一记录的麻烦。孩子只要直接把收据粘上去即可，不会令孩子感到压力，还能让孩子在收集和计算的过程中体验到乐趣。这种体验很容易在短期内形成固定的习惯，达到记录零花钱的教育目的。由于这种收据管理账簿市面上并没有出售，因此可以参照本书提供的样本（具体详见 P73）制作，也可以登录 ELIS 网站（www.elisindex.com）下载。

☆让收据管理账簿成为一种习惯

其实制作收据管理账簿很简单。首先准备一个空白的记事本，文具店出售的普通记事本就可以。

在记事本的封面上写上“收据管理账簿”几个大字，并在每页标注相应的日期。随后把当天花销对应的收据粘贴在相应的页面，下方填写统计总数后的金额。必须每天坚持，即使有一天没有任何花销，也可以记录“0”。这就是收据管理账簿，一点儿也不复杂。就跟我们要求公司报销钱款时需要提交发票是一样的道理。

不过也会面临这样的问题："孩子的主要花销都是零食或公交费，这些没有发票或收据怎么办？"

确实如此。在路边小摊买零食吃，能要到发票与收据的地方并不多，这样就会导致支出记录出现误差。不过也可以趁此机会，拉近家长与孩子之间的距离，增加亲密感，尝试亲身体验的乐趣。

如果孩子消费的地方不能提供发票或收据，可以试试给孩子开具"家长收据"。家长提前从文具店购买简易收据，针对孩子消费后未能提供收据的交易，由家长来代开。这时不要因为孩子把钱花在"没必要"的地方而加以训斥，也不要草草敷衍。可以让孩子融入其中，就像玩游戏一样，在虚拟的空间（公司或超市）里体验乐趣。对低年级的孩子可以假设"妈妈超市"或"爸爸文具店"等虚拟商店，进行收据交换游戏，孩子会适应得更快一些。

仅靠简单的收据管理账本，即可达到与零花钱记账簿相同的理财教育效果。家长也不必监视孩子，为了一一确认孩子的消费明细而头疼；孩子也可以因为自己的私人空间受到尊重而放松，更能积极地管理零花钱。父母和子女间的信任也会日益增强。

每天整理的收据管理账簿，以每周或每月为单位进行核算。核算由孩子自己进行，家长则检查金额是否相符，家长也没必要刨根问底地询问零花钱支出明细。越是高年级的孩子，家长越应该注意这个细节，避免一一追问，要给孩子留出自我反省的空间。

小贴士

成为富翁的契机之一

收据管理账簿，可以说是一本蕴含着反省和决心的记事本。孩子在整理的过程中，会反省自己有没有因一时冲动购买非必需品；是否确认过家里的确没有该物品后，才去购买；有没有因保管不善而丢失，不得不重新购买；路边摊的零食是不是吃得过多……进而对自己的失误、过错及修改方案做出认真的思考。

20　　年　　月　　日　　　天气：

此处粘贴当天收据

今日支出共计	元
必要的花销	
不必要的花销	

收据管理账簿的制作要领

❶ 孩子每次花掉零花钱时，尽量索要收据。
❷ 将当天的收据粘贴在对应日期的记录本上。
❸ 把一天的收据粘贴好之后，在下方写出合计金额。
❹ 按照规定的结算周期进行合计，建议以一周为宜。
❺ 零花钱总数减去收据合计总数，得出的金额与实际余额进行比较。
❻ 如果数据吻合，就 OK；数额不对，需查看理由，和家长一起确认。

※ 公交车费和零食等没有收据的部分，可由家长制作简易收据代替。
※ 家长对于每天的收据内容不要干涉，只在每周合计时一起核对。

收据管理账簿的教育意义

· 可以培养孩子记录和管理的习惯。

· 能把零花钱使用详情表现得更直观更具体，增加趣味性。

· 能让孩子认识到理财有趣又简单。

· 可以增进父母和子女的密切关系。

· 信任并放手让孩子管理，并且保管好凭证，以此建立父母和子女之间的信赖和默契。

· 让孩子了解发票与收据的概念，并开始认识税金和手续费。

· 令孩子开始关注整个经济领域。

懂理财的孩子就会与众不同①

让孩子善于交流，懂得关怀他人且彬彬有礼

有人会担心，接受过理财教育的孩子会不会变得自私，只认得钱？其实这是一种偏见。这些人之所以会有这种想法，大概与传统的保守观点有关。理财教育实际上是对生活习惯的一种教育，目的在于让孩子做出更合理的选择，并且懂得金钱与工作的珍贵，让他了解社会和人生的意义。

理财是我们认识和了解社会的窗口。我们在生活中离不开他人，如家人、朋友、学校与公司。理财教育是一种认识社会的教育，让孩子学会“共生”，这是理财教育的核心内容之一。

在理财教育中，最看重的就是沟通，因为理财不是由一个人完成的独角戏，而是与他人的交流为前提才能形成的行为。这一点只要稍微留意，都会理解。无论是为自己创效益，还是协商合作，其选择、生产、消费与工作的过程中，始终要有对方或社会的参与，才有可能正常进行。

那么为了创造理财过程中最受重视的附加价值，并给自己创造最好的条件，什么才是最关键的因素呢？那就是沟通和关心。在需要合作与

让步的经济活动中，如果无法令对方感到满意，那就无法获得效益。就算偶尔有一次收益，也无法持久或令利益最大化。

前来接受理财教育的孩子之中，有不少是内向的孩子，对学校生活适应缓慢，不合群，有些人甚至会干扰他人上课。这让家长感到担忧和焦虑。但是通过理财教育，这些孩子的表现开始发生变化了。在学校举办的跳蚤市场上卖东西，若孩子低着头、孤零零地站在角落里，那谁也不会去光顾他的生意；而有些孩子若不友好地嚼着口香糖并吆喝："喂，这才 500 韩元，来买一个！"估计也不会有人敢上前买东西。

有这样的经历后，孩子会开始苦恼："为什么大家都不买我的东西？怎样才能招揽顾客呢？"于是也会逐渐改变，拿出诚恳亲切的态度，面露微笑地招呼客人，亲切友好地回答提问。在对话的过程中，也可以和其他小朋友增进友谊。

有过这种体验的孩子，比其他孩子更懂得替别人着想。和其他伙伴一起去买吃的时，如果是以前，肯定会自私霸道地说："我就想吃炒年糕，你们少废话！"但如今却能细心地询问别的小朋友："咱们吃点儿什么好呢？"这就是理财教育带给孩子的变化。所以说，接受过良好理财教育的孩子，沟通能力自然而然就会提高，懂得关心别人。

总而言之，接受过理财教育的孩子懂得识大局，善于沟通，却不自私。相反，没有接受过良好理财教育的孩子，凡事表现的自私或武断的可能性更高。

家人之间沟通交流，以增加信任

心理学家约翰·戈特曼教授在《孩子，你的情绪我在乎》一书里，举了这样一个案例。晚饭时，爸爸问孩子："今天在学校过得开心吗？"孩子回答："很开心！""今天都学了什么？""学了九九口诀！""是吗？对了，老婆，银行有没有来电话，问房产融资的事啊？"爸爸和儿子说到一半，突然想起别的事，就和妈妈开始对话。孩子说："爸爸，我给你背九九口诀吧！""好的，不过我以后再听，现在爸爸和妈妈在商量事情呢！"这位爸爸虽然懂得关心孩子的日常生活，试图和孩子进行交流，但是他做得很不到位。那么，您家的餐桌对话又是什么情景呢？

约翰·戈特曼教援强调，爸爸如果积极介入到孩子的生活中，将大大提高孩子的幸福指数。针对小学三年级男孩的爸爸进行调查时发现，对子女的生活不闻不问的爸爸，其子女的成绩显示为最差；爸爸对孩子表现出持续且长久的关心，孩子的成绩最优秀；爸爸虽在家陪伴，但对孩子的关注并不多的家庭，孩子的成绩居中。

随着孩子一天天长大，爸爸和孩子对话的时间也越来越少，交流对话的技术也显得越来越笨拙。就算好不容易有时间和孩子对话，由于无法形成共同语言，因此只能停留在形式上交流的程度。久而久之，只能令家庭关系变得僵硬。乍看对这种冷漠关系没什么补救方案，但事实上也没必要那么绝望。

理财教育对于恢复家长与孩子，尤其是父亲与子女之间的关系，能起到非常有效的作用。接受过理财教育的孩子，总想把自己所学的知识向朋友炫耀一番，也愿意与父母沟通。因为家长是经济活动的主体，因此孩子更希望得到来自父母的认同。如果家长能理解这种心理需求，就可以和孩子保持良好的沟通了。

信任感也是理财教育的重要因素之一。理财以信任为前提，要进行交易时，如果信不过对方，则无法实现交易。人们之所以和银行交易，是因为信任银行。企业合作时签订合同，也是因为信任对方。其他情形均基于同样的道理。

如今的社会，家长和孩子之间的信任度日益薄弱。家长不放心孩子，孩子也不相信家长。“这次考试要能得第一，给你买礼物！”这种所谓的约定，正是因为骨子里对孩子不信任所致。因为不信任或不放心，所以每件事都要谈条件。“做完作业，给你吃饼干。”这种对话形式越来越多，都是因为维系家长和孩子关系的不是信任，而是条件。所以在孩子看来，如果没有条件，那就没必要和父母对话。孩子更愿意去依赖那些不必谈条件的对象，如宠物或游戏机。

信赖源于对话。家长和子女之间如果能经常对话与交流，自然可以形成信任感。如果彼此之间有隔阂，那可以试着去超越或打破隔阂。正是这种积极的沟通，才能形成背后的信任关系。只有家长看这个世界的眼光积极肯定，才能把这种肯定的意识传递给孩子。唯有这样，家长才有可能更多地了解孩子的想法，而理财教育在这个过程中可以起到润滑剂的作用。所以，如果想要找回失去的信任感和交流的习惯，不妨试试理财教育的方法。

第三章

第二个存折

黄金存折：最佳的保值投资，永远的安全资产

存折 给孩子的第二个存折

金融界众多投资人推荐的提高收益的安全方法，就是资产投资组合。它是通过分散投资，把理财中可能发生的风险降至最低点，同时让收益最大化的一种投资方法。

在韩国，当总统出行时，我们经常看到同样的几辆车一起行驶。在开门之前，谁也不知道到底哪辆车上坐着总统。大企业的核心管理人员出差时，很少搭乘同一架航班。这都是为了将风险分散到多个目标上。

只注重其分散风险的一面是不科学的，还要将利益最大化放在首位。如果只强调安全投资，那收益不可能大。必须将目光放远一些，而且不被短期的上下浮动所左右，这样必然会发现效益更高的投资商品。管理黄金存折，同样需要购买者将目光放远一些。唯有这样，才能领悟如何用黄金这种投资价值最高的商品，为自己带来财富。

01

单纯的储蓄已过时，给孩子更大的目标

小时候经常听父母说：“把钱存起来，想成为富翁，就得拼命存钱！”

过去，人们以为只有通过储蓄才能成为富翁。因为以前的投资概念局限于整存整取存折上，加上没有丰富的金融产品，因此通常在办理一个整存整取存折之后，就把钱集中存在存折里，也没有其他选择。这样省吃俭用存了几年之后，最终得到的只是本金和微不足道的利息。虽然父辈们一直在强调唯有储蓄才是出路，唯有储蓄才能带来财富。但在现代社会，仅靠储蓄，很难成为富翁。

如果现在还有像我们父辈一样，强调“唯有储蓄才是出路”的人，我肯定会认为他并不希望孩子成为富翁。物价天天上涨，货币日益贬值，金融市场越来越多样化，这个时代仅靠储蓄积累不了多少财富，意义也不大。如今是经济科技的时代，银行里存入定期储蓄或整存整取，也属于经济科技的范畴，但是靠这些想要实现财富梦想，是不太可能的。在低利率的基础上，再扣除税金，根本无法达到预期的储蓄目标。

由于金融产品变得丰富多样，可选择的余地也宽泛了许多。所以，众多经济专家建议，如果想要期待收益性，那最好不要孤注一掷，而是实行分散投资战略，普遍撒网。分散投资不仅具有收益方面的优势，还能缩短时间，并降低外在风险，因此很值得。

时间与外在风险，二者与储蓄产品的弊端紧密相连。对于大多数储蓄产品来说，时间就是资本。尤其是复利商品，如果能坚持 20 年以上的长期投资，那一年的利息差异是非常可观的。所以，储蓄时不得不看重长期性，将资金投入很长的时间。而一旦把心思过于投入到储蓄中时，就有可能削弱了投资其他商品的精力与财力，只会妨碍你获得更多的收益。由于时间的局限性，也就无法享受到更优越的条件了。

更麻烦的是有急用时，也没法将钱灵活地使用在关键的事情上。因为只有到期才能获得期待的利息，一旦中途解约，那收益肯定是微不足道的。

所以最好购买短期产品，既能收获短期效益，又能确保资金流通。也就是说，为了应对外在风险，将钱分散投资，以便灵活应用。

说得更长远一些，分散投资的目的是不要只拘泥用复利式储蓄存折来保证孩子的经济未来，而要将眼光放在投资产品上，抓住创富的机会，

以一定的投资资本来期待增值效果。唯有这样，才能既享受更大的经济利益，又能从多方面针对孩子进行 ELIS 魔法教学，培养孩子投资的目光和素质。

最初，我们已经拥有了复利式整存整取存折。它可以期待稳定的收益，是个坚实的基础。在此基础上，还需要两个有望创富的存折作为辅助轮，让孩子在奔向财富的道路上走得更快。黄金存折和股票存折正是起到提速作用的两个辅助轮。

这三者聚集在一起运行时，相比多拥有几个储蓄存折更具有优势，当然如果还能拥有投资的慧眼卓识，那就更完美了。那么黄金存折和股票存折到底发挥了什么作用呢？关于股票存折，我们将在后面的章节进行介绍，先让我为你详细介绍解释黄金账户存在的必要性吧！

02

黄金也能储蓄吗?

“孩子有个周岁金戒指，能用它办理一个黄金存折吗？”

“必须是黄金才能办理黄金存折吗？拿钱买黄金，与单纯的储蓄有什么区别呢？”

“黄金储蓄后，持有额怎么计算？”

对黄金存折尚不了解的人，经常会问这些问题。他们以为，黄金存折理所当然应该需要持有黄金。但黄金不像现金，能轻易估算价值，因此自然会产生疑问：“是不是必须办理黄金存折？其价值和意义又有多大？”

其实黄金存折并不像大家理解的那样，需要交易真黄金。虽然黄金是衡量收益率的重要标准，但是银行又不是典当铺，当然不会接收真黄金了。

银行所谓的“黄金存折”，并不是存入真的黄金，而是和其他存折一样，用现金来支付。

黄金存折上标注的并不是钞票的额度，而是黄金的重量（单位：克）。就像把钱存到存折里一样，显示的是积累黄金的过程。但是黄金的重量，如何在存折上体现呢？当存折里存入现金时，按当天黄金市价折算的黄金量，就会自动积累到存折里。最终额度为“黄金市价 × 持有量”。由于黄金多以美元形式交易，因此汇率提高时，还会带来附加的效益。

因此，最适合办理黄金存折的时机，是在黄金价值有望增值或当前汇率降低时进行投资。当然，要同时满足这两点可能有些难度，但是即使将来黄金价值有所波动，印在存折上的黄金量是不会改变的，所以不必担心投资会消失无踪。简单地说，黄金价值上下有浮动，但是存折里始终都会有黄金，投资时抱着这种心态进行即可。

这些存入银行的黄金根据市场价值增值时，折算成现金的评估金额也会增加，因此收益率可能会高出当初投资金额的数倍。何况这种存折只需少量的金额也能进行投资，而且还能像网银一样，自由存入或取出金额，非常方便。

一直以来，黄金存折只要不以实物取出，就可以不交附加税，因为相关规定不是很清晰。既不必上缴利息所得税，也不用上缴金融所得综合税，因此在高收入人群中特别受欢迎，对那些渴望创富的投资人也很有吸引力。但是自从 2010 年 11 月起，韩国政府规定，黄金存折也应该

包括在分红所得的范畴之内，因此决定收取 15.4% 的所得税（预扣税率 14%+ 地方所得税 1.4%）。这对于小规模投资人来说比较遗憾，但这也说明了黄金存折自身的价值正在提升。

当然，由于黄金价格的波动，带有一定的投资风险是难免的。但是我们的目的是将黄金投资作为备用投资，而且主要是为了培养孩子看待金融世界的眼光，因此还是具有一定的吸引力。

▶ 和孩子一起办理黄金存折

第一步：和孩子一起了解附近银行的位置。

第二步：通过上网查询，众多银行中哪家银行出售黄金存折。

第三步：准备好户籍、孩子与家长的身份证。

第四步：拜访调查后选择最近的银行。

第五步：抽取等候号码，在开户窗口等候。

第六步：递交材料，提出开户申请。

第七步：申请外币套期保值。

第八步：完成开户手续。

☆为什么关注黄金的投资价值

想要了解黄金的市场价值，首先要追溯货币的发展过程。最初在以物易物（即物物交换）的时代，很难实现平等的交换。由于必须携带想要交换的物品，因此很不方便，更不实用。为了解决各种问题，必须寻找一个可以作为标准价值的物品。

最初被当作标准价值的物品是河蚌或大米等，但是这些物品很容易碎裂或变质，因此必须找到更方便且持久保存的物品，那就是黄金、银和铜等贵重金属。从此人们便用金块、银块和铜块等实物资产进行交易活动，但由于它们无法分割成更小的单位，因此作为新的方案，推行将实际资产进行价格评估的替代方法。

1870 年，世界各国实施制定“金本位制”，将黄金作为标准价值。因此黄金深受大家喜爱，并且成为衡量个人资产的重要标准。

只是由于每次携带黄金也不是很方便，因此将它托管给银行，并获得相应价值的凭证，以此来购买物品。而换得这种凭证的人，同样可以拿着凭证，去银行换取黄金。这个媒介，就是货币。所以，最初的货币只是代表黄金价值的一种收据性质。形成更为具体的概念，则是在各强国采纳了布雷顿森林体系（Bretton Woods system，第二次世界大战之后，以美元为中心的国际货币体系）之后。

1944 年，在美国的布雷顿森林，各强国首脑聚集在一起，制定了一项历史性协定。美国利用自身的国际地位，提出只有美元才能换购黄金，

BANK
10000
10000

这就是布雷顿森林体系。国际货币基金组织 IMF，也是为了维持美元的地位而创建。根据这项协议，各国可按照自己持有的黄金量来印刷货币。以黄金为中心的布雷顿森林体系，维系了将近 30 年的世界经济秩序。

当美国因越南战争和国际赤字需要大笔经费时，却无奈已经没有黄金储备可以增印货币了。于是 1971 年，尼克松宣布废除黄金兑换制度。从此以后，黄金和美元分道扬镳，各走各的路。美国也不必被黄金储备所限制，可以随意发行货币了。美国政府为了军需物品，肆意发行了大量的货币，这就导致货币流通过多，美元贬值。随着美元贬值，黄金又受人瞩目起来。

不具备实际黄金价值的美元，其地位已经跌落了许多。因此，美元和黄金的“分手”，正是黄金价格暴涨的背景。

03

黄金存折在经济萧条时更显优势

近年来，货币的价值越来越贬值，因此如果能拥有黄金，那将非常具有优势。因为黄金具有自身的固有价值，即便在经济不景气或通货膨胀时，黄金始终被认为是稳健安全的优良资产。

根据调查机构的研究显示，仅2009年，黄金供应量为3890吨。其中新采矿占59%，重新利用的为40%，而每年2400吨的生产量，远远不能满足与日俱增的需求量。在纽约COMEX为代表的黄金交易市场中，每天的交易量超过340吨。也就是说，仅10天的期货市场交易量，就可以与全球一年的实际黄金供应量相吻合。这也就注定了黄金的价格只能越涨越高。

当然，黄金的价格不是始终不变的。有时候上涨，有时也会跌落。但由于黄金开采量越大，其矿藏也会日益减少，因此整体来看，黄金的

价值是绝对的。黄金不同于股票和债券，不会瞬间化为废纸。黄金具有一定的交换价值及工业用途，是一种安全资产。随着历史上经济规模日益扩大，出现多种货币流通，黄金的价格也呈现不断上涨的趋势。尤其是经历过世界经济萧条期之后，与海量发行的纸币相比，黄金的价值独具魅力。也就是说，黄金受宠，绝不是我们这个时代特有的事情。

30 年间国际黄金价格浮动状况

摘自：www.kitco.com

基于上述原因，最近 30 多年（上图）期间，黄金的价格已经上涨了 10 多倍。参考 2007~2010 年国际黄金价格趋式显示的近 3 年的资料，我们也能看出，黄金价格连续刷新，不断上涨。被誉为金融投资天才的吉姆 · 罗杰斯（罗杰斯控股公司的董事长兼 CEO）预测，今后黄金价格将

2007~2010 年国际黄金价格趋势

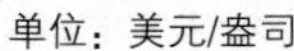

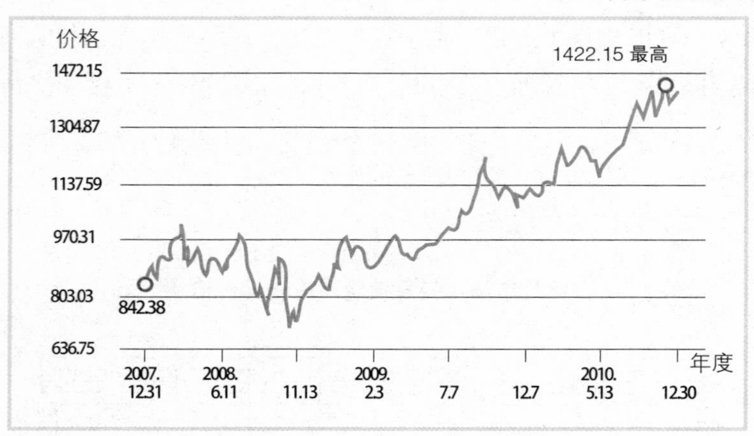

突破 2000 美元 / 盎司；一些极端的乐观者，甚至预测黄金价有可能达到 5000 美元 / 盎司。这也说明经济危机和恐慌持续的时间越久，黄金就越有优势。由此可见，黄金并不只是装饰用的饰品，它拥有足够的投资价值，以保护孩子的未来。

当然，毕竟黄金也属于投资产品范畴，因此因它而受到损失也是难免的事情。上图数据也显示，尽管整体看来黄金价格不断上涨，但是仔细观察不难看出，每年都是重复着上涨和跌落。就像其他投资一样，投资黄金也有风险，投资者应该了解这一点。

当然，没必要过于恐慌而导致缩手缩脚。风险高，意味着收益也会高；风险低，则收益也会相应降低。

我建议办理的三个存折之中，黄金存折即使在收益减少时，也不会丧失黄金本身的效力。没必要像股票那样，时刻为它胆战心惊。只要认清了黄金行情的波动趋势，反而会更有益于做孩子的经济后盾。

☆黄金投资形式的教育方法

哪些因素会影响黄金的价格呢？只有了解这些因素，才能通过黄金存折，为孩子说明经济与国际局势的相关性。

第一，黄金对通货膨胀非常敏感。2008 年经济危机席卷全球，各国政府为了拯救国家经济，都采取了大量措施。但是由于没有经济能力开展工作，因此要发行更多的货币。同时降低银行利率，以便让钱不至于集中在银行里，而能灵活周转于经济活动之中。由于过多的钱被释放到市场中，因此美元贬值，物价上涨。

第二，黄金受美元价值的影响。1971 年，国际上能够交换黄金的唯一货币是美元。但从 1971 年以后，黄金和美元分道扬镳，于是众多投资人将美元和黄金看作是代替投资的手段。例如，当美元有上涨趋势时，就会大量收藏美元；而一旦美元有下跌趋势时，则赶紧换购黄金来收藏。

第三，利率下跌时，投资者会更偏好黄金。就算把钱存在银行里，如果无法收取超过物价上涨率的利息，那么人们便会购买具有实物价值

的黄金作为投资品。黄金是实体投资品，因此人们认为，黄金至少具有和物价上涨率等同的投资效益。

第四，黄金受产业和经济增长因素的影响。经济活跃，尤其是IT产业发展快速时，黄金的需求量也会增加。因为人们离不开的电子与通讯产品等生产领域，同样也会加大黄金的需求量，导致黄金价格上涨。近年来，随着中国和印度的经济快速发展，想要购买黄金作为投资的富翁越来越多。加上中国和印度自古以来就对黄金情有独钟，因此只要生活条件允许，人们都喜欢收藏黄金。因此在中国和印度，经济比较景气时，黄金的价值也会上涨。

小贴士

适合孩子的理财游戏 ❶

和孩子一起做游戏，在生活中寻找和黄金有关的物品。它们随处可见，让我们一起来找找吧！

- 电子产品（线路板）、通讯产品（电路）、电子游戏机（电路）
- 金牙
- 金戒指、金项链、金耳环、金首饰
- 镀金钟表
- 高级化妆品

我们周围，随处可见与黄金相关的物品。

第五，战争与政治的不稳定性因素影响。发生战争或政治局势不稳定时，相比纸币，人们更愿意收藏黄金。德国在战败后发生过严重的通货膨胀，以至于孩子把成堆的钱当成积木来玩游戏。据说，有人为了购买商品，把钱装进推车里，结果推车被人偷走，钱却分文未动。这说明战争时期纸币价值的“惨淡”。而黄金不同于纸币，就算全球范围内黄金的地位下跌，也不会导致它的价值下跌。

为孩子办一个黄金存折固然重要，但是更重要的是通过它，培养孩子将来在任何环境中都能独立开拓的能力。所以在办理黄金存折时，建议制作一张确认表，让孩子随时确认和记录。在这个过程中，可以自然地培养孩子“投资”与“选择”的眼光。

◎黄金投资确认表（每周一次，与父母一起完成）

分类	第一周	第二周	第三周	第四周
主要国际新闻				
主要国内新闻				
通货膨胀				
美元价值				
利率				
经济发展				
社会与政治局势				

- “主要国际新闻”与“主要国内新闻”，只记录一个典型的新闻事件即可。
- 其他项目如果对黄金投资有利，就画圆圈；不利，则画叉；不确定，则画三角形。

小贴士

适合孩子的理财游戏 ❷

1．打印世界地图，找出主要的金矿和国家，用红笔做标记。
2．记录每年的黄金生产量。
3．把主要的黄金消费国用蓝色笔做标记。
※ 网上很容易找到以上信息。

每周和孩子确认一次“黄金投资确认表”，并记录相关内容。相信在这个过程中，对于决定是否投资黄金能起到很大的作用。6 个月之后，孩子的知识和直觉会有惊人的发展。家长不必过多地干预，只在孩子做出选择后，帮着做标记就可以了。

开始时，不仅是孩子，可能连大人也很难做出正确的判断。但是这种训练不仅可以增加孩子的理财知识，还能培养孩子用扩展的眼光和批评的思维看待问题，家长也不例外。因此家长要有足够的耐心，积极引导孩子完成。

04

去银行，为什么要带上孩子？

孩子的好奇心强烈，很难坐得住，不时摸摸这个，摸摸那个，什么都想凑热闹，活泼好动，有时甚至很吵闹。家长觉得这只是孩子单纯玩闹的表现，然而孩子正是通过这种亲身体验过程来学习知识。对孩子来说，学习不仅是靠头脑进行的，同样也是通过身体活动来领悟的。

银行就是生动的理财教育最佳场所。在银行里，可以清楚了解货币交易的流程，没必要刻意在电脑中玩大富翁游戏，只要让孩子参与到银行交易过程中，孩子就会像了解游戏一样了解经济活动。

但我们在银行中经常看到的情景却是，领着孩子来银行办理业务的妈妈让孩子老老实实地待着，不要乱动。

“妈妈马上办完，在这儿坐好了别动！”

“你不懂，不要管！”

“银行阿姨正忙着呢，别去打扰她！”

有些家长虽然会把孩子领到银行，但只顾着忙自己的事情。对于从事理财教育的我来说，这是件非常令人遗憾的事情。因为白白错过了让孩子现场学习和体验的机会，哪怕让孩子耳濡目染也好。但是家长却嫌孩子吵闹，不让孩子靠近柜台，孩子也会觉得银行这个地方既枯燥又憋闷，于是就像逃离医院一样，恨不得马上离开银行。如此反复之后，孩子自然会对银行没什么好印象，并且把所有和银行相关的业务，都看作既深奥又无趣。

的确，大人去银行是为了办事，通常是趁有时间去银行取钱、交贷款或交税金等。通常时间很短，因此也没有充裕的时间为孩子进行理财教育。

但对孩子来说感觉却完全不同，哪怕是短暂停留的地方，孩子也会在头脑里勾勒出大致的轮廓。“原来银行是这个样子啊！银行里做的事情是这些呀！”把自己看到的银行印象烙印在头脑里，即使是短暂的时间，印象却很深刻。

千万不能让孩子感觉银行是枯燥无趣的地方，因为一旦脱离了银行这个理财活动的主要场所，那么理财教育就显得脱离实际了。想让孩子成为富翁，就不应该让孩子远离银行。所以，今后家长和孩子一起去银行办事时，应该注意以上细节问题。

☆银行里有什么

想要让孩子亲近银行，就要先向孩子说明银行是什么机构。在家里可以先向孩子说明理财的概念，以及储蓄、利息和银行的作用等，随后便可让孩子勾勒一下银行的轮廓。

“银行里都有什么呢？”

提问的同时，孩子的头脑里会自然浮现出过去见到过的银行印象。通过孩子的答案，也可以了解孩子对银行掌握的信息程度。家长应该由浅入深，根据孩子的理解能力来说明银行信息。例如，ATM 取款机、信息显示屏、银行职员与 VIP 洽谈等，用图画的形式来划分并进行功能说明。

对银行形成大致的印象之后，下一步就是到银行逐一确认了，这应该是令孩子感到兴奋的时刻。由于自己的头脑里勾勒过银行的大致样子，因此身临其境时，肯定会有不同的感触，孩子会发现银行内部许多细节都异常亲切和熟悉。

家长可以抓住这个机会，向孩子做更具体的说明，并积极引导孩子关注银行里新的空间，使孩子对银行保持持久的好奇心。

“瞧，那里写着 VIP 呢！”

“那边都是兑换货币的人，这边是洽谈贷款的地方。”

就算孩子并不能马上理解，也要尽量用标准的金融术语来解释，让孩子明白，银行是根据业务类别进行功能分工的。孩子会接着询问具体

是什么业务。这时通过家长的说明，孩子就会理解，银行不仅仅是办理储蓄的机构。随之也会了解，银行职员并不只是点收钱款的人，还要处理许多银行业务。随着孩子对银行机构的了解加深，对该职业的思考也会进一步拓展。

如果孩子已经参与了黄金交易，那最好不要完全依赖报纸或宣传资料来了解黄金汇率的波动，而是尽可能直接去银行确认后加以判断。这样孩子不仅对市场经济有更生动的了解，还可以让孩子的理解力更加立体化。这就是体验学习的优势，它是一种具有活力的教育方式。

☆让孩子了解银行里的各种金融产品

“银行跟超市一样，它出售各种商品。”

在理财教育课堂上，每当我讲到这里时，孩子们都会不以为然地说：“骗人，我去过银行，里面什么都不卖。”

孩子们大概觉得我是在愚弄他们，会极力否定我的观点。这时我会给他们翻看银行的宣传册，并介绍上面的各种金融产品。虽说这些商品不像超市里的货物一样可以伸手触摸，但是它们却是只有在银行中才能购买的特殊商品。讲到金融产品时，孩子们表现得兴致勃勃。而当他们得知这些金融产品并不是大人的专利，孩子也可以参与时，则更加跃跃欲试。

当孩子们意识到自己也能参与购买金融产品时，会有种新鲜感，并且开始关注理财活动。对于储蓄毫无概念的孩子，通过金融产品学会节约的事例并不少见。由此可见，金融产品作为刺激孩子学会储蓄的手段，会带给孩子不小的动力。所以说，为孩子说明银行出售的各种金融商品，是理财教育中非常重要的一环。

那么作为家长，你对于银行的各种金融产品，又了解多少呢？

其实，很多家长对于金融产品的关注度不太高，有些人仅靠周围听来的消息，并没有详细了解该产品，就直接去银行申请办理。如果因为银行里人多，怕自己问得太细而不好意思深入了解，那吃亏的只能是自己。要知道，投入的是自己辛苦挣来的钱，因此一定要问清楚，而且考虑好了才能做出决定。即使银行职员流露出不耐烦的情绪，也要表现出凡事多问、多了解的“不折不挠”精神，因为银行毕竟也是出售金融产品的服务机构。更重要的是，孩子看到家长一丝不苟的态度，才能学会合理选择的方法。

“不管在什么情况下，家长的态度对孩子会起到最有效的典范作用。”正如哲学家亨利·阿米尔所说的，想让孩子养成良好的习惯，最有效的方法就是家长自己先具备这种习惯。所以，要想让孩子了解金融产品，家长自己就要先了解金融产品。

“银行是出售金融产品的地方。金融产品是无形的，但可以通过存折上的金额记录来确认。虽然每个存折外面的文字名称都不一样，但是它们的性质都属于商品。”

等孩子认识了金融产品后，就可以开户，办理存折了。我们之前已经挑选了两个魔法存折——复利式整存整取存折和黄金存折。家长要给孩子足够的时间，应保持耐心并等待，直到他自己好奇地提出有关这两种产品的各种问题。也就是说，等到孩子愿意耐心地听完，银行职员对各种存折的使用方法，以及不同期限的不同利率波动等内容介绍时，孩子不仅会加深自己对管理存折的责任感，同时也会感到自己作为独立个体被人尊重的感觉。

通过以上努力，孩子不仅对银行拥有足够的兴趣，而且也能准确地根据自己的需求做出选择。这不仅对孩子当前具有非凡的意义，对于他长大成人后独立生活和进行经济活动，也具有非凡的作用。

05

让孩子体验到成就感

有些孩子在吃饼干或买玩具时，会以为买东西的钱是白来的，甚至有些孩子在买商品时，根本不会把购买行为与金钱联系在一起。随着信用卡的使用日益广泛，孩子对于家长刷信用卡买东西早已习惯，一旦妈妈说自己没钱，孩子就会立刻回答："不是刷卡就可以吗？"这是因为孩子没能理解金钱的真正意义，把钱想得过于简单化，由此也可以看出现代社会中孩子的价值观。

如果不懂得金钱的重要性，那就不可能成为富翁。而我们的目标也不仅仅是要孩子成为富翁，而是让孩子真正领悟到金钱的价值。为了树立孩子正确的价值观，就要在日常生活中，经常让孩子意识到金钱的用途。

例如，做饭时所需要食材的费用、电费、燃气费、水费、烹饪用具和碗碟等，都需要花钱购买。万一这些物品陈旧或破损时，还要去修理或重新购置，这些都需要支付金钱。甚至连扔垃圾，我们也要支付垃圾处理费。另外，孩子的吃穿学费、生病时的治疗费……同样都需要金钱。通过这些举例让孩子明白，没有钱就没法维持正常的生活。

“妈妈，在家里吃饭太费钱了，还是出去吃吧！”

如果孩子提出了这样的建议，该怎么回答呢？也许每位家长都有不同的答案，如果是我，就会向孩子说明在外就餐的隐含费用。例如，在比萨店购买一份比萨，孩子只会注意到购买这份比萨的餐费。但是费用里，必然包含着许多附加费，如食材费、碗碟、烹饪工具、水费、电费、燃气费、厨师和服务员的工资、饭店租赁费、装修费、服务员制服费……让孩子充分认识到饭店里所有的物品都投入了大量的金钱，而这些花费将要分摊在我们点餐的食物价格中，以此来拓展孩子的思维。

除了这些，在我们的日常生活里，还包含众多相关行业人士的人工费用和运费。如果每件产品都深入分析，就会发现里面蕴含着许多经济板块。孩子也会在了解真实情况后，对父母油然地产生感恩的心情，深切感受到挣钱不易。通过这种方式，孩子还可以对公司、饭店、工厂、学校、家庭及其他各种行业的经济活动成员，进行细致观察和了解。

家长可以利用这个机会，让孩子体验一下赚钱的滋味。当有需求时，欲望才会更强烈。如果孩子只依赖现有的零花钱，很容易对劳动失去兴致。因此，如果孩子到了适当年龄，可以开始尝试让孩子体验挣钱的快乐了。

☆成就感比金钱更重要

如何让孩子体验赚钱呢？每当孩子需要什么东西时，家长是否盲目地满足孩子的要求？家长不妨通过一些别出心裁的方式，让孩子既买到心仪的礼物，又能体验成就感。例如，孩子想要一辆自行车，价格是20万韩元，就算孩子再努力攒钱，也很难凑到这个数额。这时家长可以试试下列方法。

无论如何，买自行车全部用父母的钱，这是绝对不提倡的。如果家长投入20万韩元来买自行车，估计孩子玩不了多久，很快就会厌倦。因为孩子只是心里有了想要拥有的需求，却并没有自己赋予它任何价值。只有给予孩子足够的努力空间，让他达到自己的目标，这件事才会变得更有意义。

有些家长就算给孩子自己努力一次的机会，也会把这些事情和考试挂钩。“你要是考试考好了，就给你买！”“我已经把自行车给你买来了，你可得好好考！”本来是孩子应该做的事情，却被赋予了某种条件，这绝对不是好方法。因为这些因素不能作为目标或条件，如果这样下去，很容易让孩子变得小事也要索要代价，成为物质万能主义。重要的是应当让他认识到，劳动换来的代价与义务劳动的区别。

让孩子参与进来，让他分担自行车费用的一部分。适当的比例应该

是50%，由孩子自己承担50%的费用，余下的由家长帮忙支付。当然，这也需要灵活运用，否则每次孩子都会以为剩下的一半，爸爸妈妈会理所当然地帮他支付。家长所要做的，就是鼓励孩子通过自己的努力来实现自己的愿望。相信在家长的鼓励下，孩子会逐渐习惯自己制订计划，并按照计划来实践。一直到孩子靠自己努力攒够了所需金额的50%时，家长才可以在经济上支援剩余的50%，以此来嘉奖孩子的努力。由于这辆自行车是通过孩子自我控制其他欲望且辛苦攒钱买来的，因此孩子对于自行车会格外珍惜，同时也会有一种成就感。

孩子通过实际劳动不仅能赚钱，也能体会到满足感。由于社会上并没有针对小学生开放的打工机会，因此最好是实行家庭内打工的方式。通常都是家长让孩子帮忙跑腿时，支付给孩子一些“辛苦费”，但是这种钱与打工赚的钱不一样，区别是打发孩子跑腿，大人为主体；而打工则是孩子自己为主体，在拜托孩子做事时的语气就有区别。因此，在给孩子足够尊重的同时，明确其打工性质，才会更有效果。

家庭内打工的具体事项，家长可以和孩子商议后决定，例如，擦皮鞋、刷碗、打扫卫生、给花浇水和跑腿等。这时需要注意的细节是所有工作必须是家里实际需要的事情，孩子的付出帮父母减轻了负担。如果不是实用的内容，而只是搞个形式，事后家长又重新做一遍，那就不推荐用这个方式了。工作必须是有支付报酬的必要，而且做的事项不应归入打工项目里，例如，照看弟妹、打扫自己的房间和读书等。家长和孩子针对打工方式、时间和褒奖方式等进行商量后，应严格按照规定的内

容遵守实行，不能只在孩子想花钱时才临时性地实践。

确定了家庭打工项目后，就要标注相应的价格。这时也要采取协商的方式，不能像打发孩子跑腿时那样，由家长说了算。要给孩子足够的协商余地，一起商定价格，而且要像真雇佣学生打工一样，遵守时间和期限。孩子也可以自己制作家庭打工优惠券，出售给家长。家长可以多方面提供选项，激发孩子的积极性。

除了家庭内打工，跳蚤市场也是个不错的挣钱渠道。可以和五六个邻居或亲朋好友碰头，商量为孩子们创造一个跳蚤市场。为了能热闹一些，可以多鼓励几个孩子参与进来。商量好时间地点后，将每户闲置的物品凑在一起，开设跳蚤市场。例如，孩子穿小的衣服、玩具、图书和闲置物品等，定好价格之后，直接出售。

可以在文具店买来价格标签和收据，现场粘贴价格，开收据凭证。价格可以适当降低一些，也可以引导孩子自己与客人讲价，增加孩子的兴趣。买张大白纸，写上宣传标语，也能增添不少乐趣。跳蚤市场挣来的钱不宜全部交给孩子，因为里面也融入了家人的辛苦和智慧。每月定期举办一次跳蚤市场，可以提高孩子对金钱的兴趣。

通过多种方式尝到挣钱快乐的孩子，成就感也会更持久。与节约省下的钱相比，靠自己的努力赚到钱一定更让人兴奋。这种快乐和成就感会持续很久，继而刺激孩子寻求更大挑战的欲望。这就是走向富翁的捷径。

要想把孩子培养成足球运动员，就要做到脚不离球；想让孩子成为出色的钢琴师，就要苦练至和钢琴浑然一体；想让孩子成为富翁，就要

10000
10000
10000
21
!

让孩子亲近金钱，和钱打交道。“小孩子斤斤计较，见钱眼开，没出息。”大人的这种偏见，只能会让孩子远离金钱。这好比是夺走孩子手里的足球，熄灭他想要成为朴智星的梦想；生怕孩子受伤，阻止孩子靠近溜冰鞋，从而浇灭孩子想要成为金妍儿一样的花样滑冰选手一样。

因此，如果真正想让孩子过上美好且富裕的生活，就应该为孩子创造一个与金钱亲近的环境。

懂理财的孩子就会与众不同 ②

让梦想成为现实，为明天做准备

我们经常看到这种情况，孩子还没有认真思考自己的理想时，家长就介入其中，左右孩子的梦想，于是医生、律师、法官和教授等成了炙手可热的职业理想。家长对这些职业的喜好，很容易传染给孩子，于是孩子会觉得这些职业很不错，并茫然地憧憬起来。还有一种情况是，因为媒体宣传的夸大，误导了孩子的判断，被动地认为自己也应该拥有同样的职业理想。偶像歌手、职业选手及职业运动员被赋予了亮丽的光环；电视剧里的企业家，在孩子看来也是不错的职业。就是因为媒体令他们看起来很神奇潇洒，孩子才会萌生这种盲目的憧憬。

随之产生的问题是，这些梦想距离现实太遥远，很难实现。一旦梦想不具体，那现实生活很难与梦想有直接或间接的联系，孩子就会变得茫然。因此只能停留在梦想的程度，很难与现实发生联系，以至于变得空虚无比。相反，通过教育，萌生具体梦想的孩子会很清楚自己如何做，才能实现梦想。这样的孩子与其他孩子相比，在面对理想这个问题时，会更具体，不至于彷徨。

在理财教育的过程中，会涉及很多具体的职业领域，因此孩子可以接受有关梦想与飞跃的洗礼。商业领域里最基本的内容就是计划、执行及考核（plan-do-see）。当这些成为习惯时，孩子就可以独立制订人生计划了。

等孩子拥有梦想之后，就会为了实现梦想而努力，并且时刻反省，及时修正，调整目标，以形成良性循环，并呈螺旋上升式发展。这就是商务的基础。

理财教育节目中有个课程，是让孩子组成集团后，体验经商管理。例如，出售饮料、制作饰品出售与提供保健按摩等服务。虽然这些体验的时间都很短暂，但在这个过程中，孩子可以边体验创业，边了解商务的最基础内容。例如，“首先要制订事业计划书（plan）。但是必须先了解自己擅长什么，才能确定项目。然后努力工作赚钱（do）。在挣钱的过程中，可能会经历许多失败或波折，但也会尝到成就感。还有一点，就是记录账簿，以了解亏盈情况。从而总结成功的经验和失败的教训（see）。等下次创业时，就能以此为鉴，谋求更好的发展（rotation）。”

这种模式就是商务。经历过商务模式的孩子与其他孩子相比，在制订计划时，表现得更明确；在实践的过程中，也表现得更具体，始终充满信心；在剖析问题时，会试图从现实着手分析。

即使没有刻意参加理财教育课程，能在家庭环境中进行的理财教育类型也很多。有一点可以肯定的是，接受过这种教育的孩子，表现会与众不同。制定目标时会很现实且具体，懂得把梦想和自身联系在一起。

例如，孩子梦想当个科学家，平时就会刻意玩些科学类的益智游戏。

因此，如果想开启孩子美好的未来，家长应该避免灌输式教育，而应先进行理财教育。因为接受过理财教育的孩子，能独立寻找梦想，踏实实践，从而让孩子的未来与众不同。

不必督促，自主学习

成为自主学习且不靠父母督促的孩子，这应该是所有家长渴望的事情。素质教育课程中，也将自主学习放在首位，注重培养孩子的自主学习能力。想让孩子能够自主学习，就要赋予他积极学习的动机。孩子只有具备想要学习的动机，才有可能变得积极主动。而想让孩子产生这种认真学习的欲望，就要让学习变得有趣。当孩子对某件事感兴趣和好奇时，即使旁人不时刻督促，他也会积极实行，这是毋庸置疑的。

所有孩子对于成人的世界，都有一种向往和憧憬。因此会故意模仿大人，并乐此不疲。尤其是赚钱这件事，在成人的世界里，可谓是一件了不起的事情。因此孩子会以为，金钱和经济是成人世界的专利品。当他通过经济教育，认识到金钱的意义，并尝试自己赚钱后，会迅速成长，并且表现得非同凡响。因为他已经领略到了成人的世界。孩子靠自己赚钱时，会有种无以言表的自豪和兴奋。于是对未来有了更自信且成熟的构想，甚至可以认识到，如果自己想要闯入精彩的成人世界，现在必须做好功课。进而意识到学习的重要性，变得积极主动，对学习会表现出前所未有的兴致。由此形成的自我主导能力，将是孩子终生的宝贵财富。家长能给予孩子的最佳礼物，既不是金钱，也不是学习条件，而是这种自我主导性。

有人说："体验的小成功越多，越接近成功。"因为小的成功经历对孩子来说，会形成一种习惯。例如，考试得过第一的学生，下次考试还得第一的可能性较高。因为上次成功带来的成就感中蕴含的甜蜜，赋予了下一次成功的新动机。

理财教育是可以让孩子实现小目标的理想方法。因为在理财范畴中，每件事都可以成为目标。例如，让孩子考试得第一，这个目标可能比较难，但是让孩子一天节省少量的零花钱，相对很容易实现。再如，不去网吧或每周节省一定数量的零食费用等，这种形式的理财教育，会让孩子每天都能体验到小小的成功喜悦。尽量让孩子在生活中，每天都能体会到这种成功的甜蜜感觉。每天成就微小的成功，以此来鼓励自我，这种成功的习惯，将成为未来成就大成功的强大原动力。

培养孩子的企业家精神

在理财活动中为了能获得利益，理财主体必须采取某些行动。而尝试采取行动，相比较安稳坐着不动，必然会伴随诸多风险。不管我们是否愿意，只要想要获取利益，就必须承受风险。想要获得的利益越大，伴随的不稳定因素和风险也会随之增加。目前我们身边诸多成功炫目的经济事例，都是那些勇于挑战新事物的人付出过最真实的代价换取的。要知道，这些成功都是以无数次失败为前提的。

理财教育向孩子讲述的是面对社会挑战的道理。挑战，来源于自身和社会，挑战带来的成功，同样也会给孩子和社会创造利益。被赋予原动力的孩子自然会变得积极主动，积极向未来挑战，这就是理财教育中所说的企业家精神。

企业家精神，顾名思义，就是“经营企业的人士需要具备的社会行为典范和意识状态”。企业家精神中最重要的就是看准时机，敢于面对挑战，创造财富。说得通俗一点儿，就是不怕风险，敢于接受挑战，创造与时俱进的新附加值。这不仅对于企业的经营者适用，对公司的职员、公务员、医生、教师、家庭主妇和学生同样适用。因为其意义归根结底，是认识自身的弱点，用新的眼光进行挑战。对新事物始终保持好奇心，持续迎接新的挑战！究竟哪个时代的人，才算是面临挑战最多的一代人呢？

2010 年，海外新闻报道了一个 9 岁加拿大少年的传奇故事，他靠独特的商业手段，成为拥有资产 10 多亿的富翁。别看他小小年纪，却已经迎来了创业的第六个年头。3 岁时他帮忙照料家里养的一群鸡，他将鸡蛋拿到教会和市场上出售，赚到了第一笔钱。随后他又帮邻居清理院子里的积雪，整理草坪，每小时收取 20 美元作为酬劳，又积累了不少财富。为了有效地管理生意，他甚至雇佣体格健硕的哥哥们，为自己赚取更多的利益。最近还听说他借助妈妈的帮助，投资了房地产。他经常接

受各种经济机构的邀请，前去讲座。每次讲座时，他都会强调："何必害怕挑战呢？没有什么可以阻挡我们赚钱。"

成人害怕挑战，大多是因为失败导致的结果往往是致命的。而儿童或青少年时期的挑战和失败，则会促成他在未来取得更大的成功。重要的是让孩子多体验，这种挑战，是摸索经济活动方法的过程，也是让未来蓝图越来越清晰的过程。因此，要培养孩子不畏失败的挑战精神，在不断的挑战中体验成功与失败，并积累经验。

第四章

第三个存折
股票存折：
理财意识与收益获得双赢

存折 给孩子的第三个存折

许多人都会在投资股票时，因为股票难以驾驭而犯愁，有的人甚至为了炒股而倾家荡产，也有人因为炒股而发了财。这种故事都给人一种投机取巧的感觉，显得很虚无。其实只要能对炒股有正确的认识，并且不放弃“长期投资”的心态，恐怕没有什么投资方式能比炒股带来更大收益的了。

20 世纪最伟大的投资人——沃伦·巴菲特，是多家顶级企业的最大股东，如可口可乐、吉列、美国运通、华盛顿邮报和迪斯尼等。在过去 40 年里，创下了年均 22% 的收益率，可谓是点金术的化身。沃伦·巴菲特是如何创造如此庞大的收益，并具有如此强悍的威慑力呢？这都要归功于他从小就开始尝试股票投资，通过投资股票，他很小便在经济领域练就了一双慧眼。

每个孩子都是未来的投资人，是引领世界经济的栋梁。父母将留给他们什么财产呢？所谓“授人以鱼，不如授之以渔”，我们能给孩子的不是金钱，而应是人生的智慧。就像沃伦·巴菲特一样，领先一步的洞察力和积极的人生态度，才是我们能留给孩子最棒的财富。经济教育可以让家长通过股票投资来造就第二个沃伦·巴菲特，现在就让我们一起探究理财教育的深远意义吧！

01

魔法股票存折，学习与投资两不误

第三个为你介绍的存折，就是股票存折。“纸张变钻石，钻石变纸张。”这句话的意思是说不同的人对于股票的见解，会有天壤之别。有不少家长担心，股票伴随着许多风险，一定要让孩子接触吗？稍有不慎，让孩子尝到失败感和挫折感怎么办？在这里必须说明，我们现在的目的并不是投资一笔钱来快速创富。

股票存折是为积累财富长远准备的众多魔法之一，是一种磨练的过程。我们可以把它当作经济学校里众多课程之一，里面刚好涉及了股票内容，每个学期只要认真学习这项投资魔法就可以了。要知道，股票存折不是为了当前的利益，而是为了孩子遥远的未来做打算。

也有一些家长由于上述原因，办理了好几个股票存折。而且有一种倾向是有些家长把股票存折看作是公积金，于是自作主张帮孩子申请办理。复利式整存整取存折和黄金存折由家长选择，目的是为了让孩子观察金钱的流向和变化；而股票存折在办理之前的阶段，就有很大的学习意义，因此在决定过程中，应该让孩子参与进来。例如，把多少钱投资到什么商品上，孩子参与分析和做出决定的整个过程，应该让孩子成为决策主体，这是股票存折最主要的目的。所以，一开始就由家长干预和做决定，就会失去股票存折的意义。应该让孩子自己来判断股票投资，由自己选择，从中了解经济流向。

让我们来分析一下投资方式的概念。通常大家选择最多的投资方式就是基金。基金是投资人抱着相同的目的，聚集起来的钱。个人投资人将钱交给证券公司来保管，证券公司将这部分钱交给资产运营公司来管理，由资产管理专家——基金经纪人来投资股票，它是一种间接的投资方式。通常，由专门的代理人（基金经纪人）来选择股票，并创造收益。投资人可以获取收益部分，而基金经纪人可以赚取一定数额的手续费。

另外，个人投资人也可以不经过受托公司，而是通过股票交易所直接进行交易；企业向这些投资人发放的凭证，就是股票。因此，个人持有的股票数额越多，获得该公司的经营权就越大。当该公司的收益较多时，就会把收益的一部分或全部，以分红方式分给投资人。而分红越多且越频繁的公司，人气也越高，股价当然更高。家长和孩子一起参与股票投资时，简单概括投资方式的概念即可。

在这里，我们将通过股票市场进行实质性的交易，而不是选择基金

商品。让孩子自己挑选股票，并进行投资，家长可以起到基金经纪人或良师益友的作用。让孩子对理财抱有更大的兴趣，并且和孩子一起探讨股价的上涨趋势，为孩子加油鼓劲。这时要把握好尺度，以免让孩子感受到压力。管理股票存折，重要的是家长要提前做好功课。

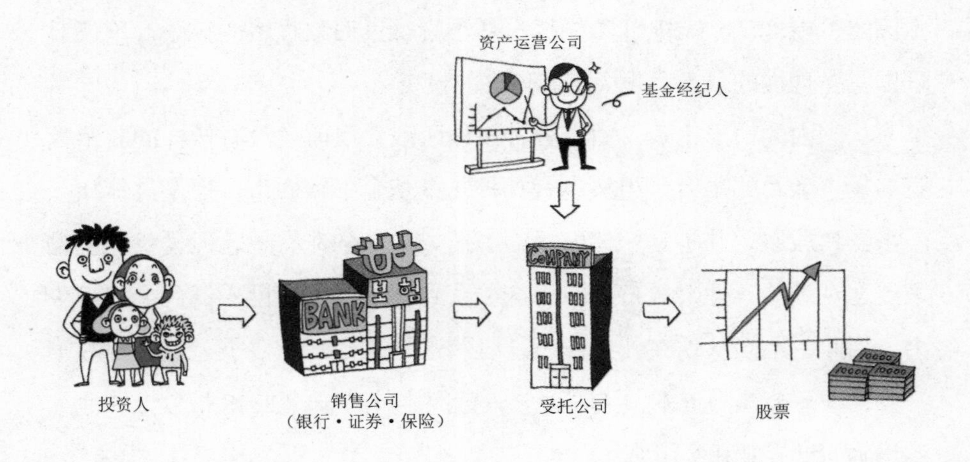

☆利用股票，提高孩子的 ELIS 指数

股票是生动的经济教育题材。通过股票，孩子可以清晰地理解市场经济的核心内容，即价格形成原理；透过股票价值，孩子可以充分了解供需关系、风险和损失、价值及有效性等因素的变化属性。

另外，股票市场也能向孩子具体展现全球化发展趋势和经济发展趋势，因此对孩子来说，它是名副其实的“概念大市场”。在经济领域，股票是判断该国经济状况的健康诊断书，同时它也是控制各国经济状况的基本尺度。

孩子一旦了解了股票的功能，等于大体掌握了与理财相关的所有基本因素。就像沃伦·巴菲特一样，从小尝试过股票投资的孩子，不仅对理财具备理性的眼光，也会培养理性的投资哲学。

从国内的情形来看，由于各种条件所限，目前还没有像样的股票教育与投资教育的平台。虽然也有几种儿童基金书籍面市，但是具体让孩子来操作股票，并不是一件容易的事情。虽然条件有限，但是我们也没必要悲观地放弃理财教育。因为这关系到孩子将来在世界舞台上的竞争力。因此，不妨从现在开始，通过股票这种媒介，让孩子迈开投资的第一步，理解公司与资本主义等理念，进而培养孩子的 ELIS 指数，令他具备正确的世界观和经济观。

02

股票与基金的区别

不少家长尝试通过让孩子读报的方式，来培养他们的理财理论和领导才能。实际上，孩子对时事内容很难感兴趣，只会被动地了解这方面的信息。如果让孩子尝试投资股票，就可以令他积极地对世界趋势保持关注。让孩子了解股票和基金知识，亲身参与投资，会令他更关注全球局势，如地球另一面的气象变化与其他社会动态等，这也是要让孩子亲身体验股票的主要原因之一。既然股票和基金有这么多的好处，那么如何讲解说明，才便于孩子理解呢?

对于股票和基金的界限，大人有时也会感到模糊不清。大多数人仅仅了解大概情况，即是否存在基金经纪人的区别。但让他们具体讲讲二者的差异时，则很难说明白。

家长首先应该了解基金和股票的区别，以便能很好地为孩子解释。

那么，具体如何解说呢？

公司创业时，筹集运转资金有很多种方法。条件允许的话，可以利用自己手里的钱；若条件有限，则可以从银行贷款来筹备创业资金。除此之外，还可以发行股票，以筹集必要的资金。股票，是证明自己已经将钱投资给一家公司的凭证。简单地说，就是几个人筹集钱创立公司；等到公司业绩好时，大家就可以一起分红。

企业可发行的股票量，由公司的价值决定。有实力的企业可以把每股卖得贵一些，也可以按照较低的价格发行，以增加发行量；而实力相对较小的企业，可以每股以低价发行少量股票。股东按照自己持有的股票量，在公司享有相应的决策权。公司效益好时，可以进行分红。当公司有盈利时，扣除运营资金之后，将剩余的部分利润分给每个股东。这种分享利益的方式叫作分红，而这种资金叫作股息。

另外，股东对公司的重要事件具有决策权，而且股东持有的股票越多，拥有的决策权就越大。根据股票被赋予的权利，叫股份。股东中持有股份最多的人为第一大股东，持有平均以上股份的人称为大股东。股票既可以出售，也可以购买。人们购买股票时，当然希望尽量以低价购入；而出售股票时，则尽量以高价出售。因此，在满足以上两点要求的某个契合点，会达成最终价格。

那么，如何才能知道股票上涨或跌落的情况呢？通过报纸或新闻里的股票行情图就可以了解到。大家肯定都看过，在播报股票新闻时，会显示红色和蓝色箭头的纷杂图形，这就是股票行情图。红色代表股价上

涨，蓝色代表股价下跌。红色标记的公司越多，国内的经济就会更乐观。可以和孩子一起看报纸，观察股票行情图，交流股票情况。可以让孩子画股价变化趋势图，从而了解一天里股价上下浮动的频率；也可以让孩子发挥想象力，思考是什么原因导致股价浮动。让孩子看看股票行情图，并选择他感兴趣的两三家公司。通过各种方式与孩子经常交流，从而培养他的想象力和逻辑性。

也有些人误以为股票就是债券，因为二者都是由公司发售，从这一点来讲股票和债券是相同的。但严格来说，债券是“把钱借给公司后收到的凭证”，因此而持有的债券，可以按照债券上记录的日期，要求公司归还本息。但股票一旦投资，常会出现价格上下浮动，令人感到不安，而只要公司不倒闭，债券就可以原数收回，因此相对而言更稳定。

小贴士

股票与债权的含义

想让孩子清晰分辨股票和债券的区别，最好让他亲身体验一下。例如，要他把钱借给同学后，作为凭证，换来一张收据，这就是债券。为了在学校庆典上与同学合作卖冰激凌，大家筹集资金后，出资人持有相应数值的凭证，这就相当于股票。

那么，基金又是怎么回事呢？有不少家长虽然积极地为孩子投资基金，但很少正式向孩子说明基金的含义。“积少成多”应该是最能说明基金特性的词汇。基金，就是指金额较大的钱款，可以是由多人合资的数千万乃至数千亿韩元，可以理解为投资信托。投资信托，是指不是由自己亲自进行投资，而是委托专业的基金专家进行间接投资。

供基金经纪人运作，且可以创办基金的公司就称为运营公司。在曾经体验过理财教育的孩子之中，将来想当一各基金经纪人的出乎意料地多。所以说，孩子们一旦了解了基金的细节，必然会感受到它的魅力。基金经纪人拥有丰富的股票投资知识和经验，他们正是通过这种知识，代表那些没时间管理资金的普通人进行股票和债券投资，最终将利益返还给投资者。不了解股票的人大多愿意购买基金，原因就是拥有专业的基金经纪人可以帮忙管理基金。

为了能简单易懂地向孩子说明基金的概念，可以让孩子亲身体验一下基金经纪人的游戏。让孩子为自己创办一份基金，并且让他为大家讲讲“这个基金为谁而办？为什么目的而创办？”并让孩子召集直接投资人（家庭成员）。如果目前家里有加入的基金，可以找出存折和管理报表，与孩子一起细读上面的内容，从而让孩子对基金有直观的了解。如果家里刚好也购买了股票，可以让孩子观察这两者的区别，并为孩子进行说明，这可谓是最有效的方法了。通过分析股票和基金的差别，孩子可以充分了解投资的多样性。这种经验对于拓展孩子将来的投资眼光，具有举足轻重的作用。

03

利用股票市场，掌握经济变化

通常，成人对于股票行情都很难理解，许多人只是听说过，却不了解具体内容，所以有不少人对股票投资完全外行。读懂股票市场的能力，在经济活动中是必要条件。那么，如何才能培养孩子具有解读股票的能力呢？

我们之所以把钱投资到公司，是为了获收取利益。而为了获得收益，就要在购买股票之前确认该公司是不是效益良好。这时我们又面临一个新问题，那就是如何辨别一家公司效益的好坏。

值得庆幸的是，这些公司会提供一些资料，供大家判断其状态是否乐观，这些资料就是财务报表。在过去 3 年里，公司的销售和利益增加与否，以及资金流向是否存在问题等，都会如实地体现在财务报表上。投资时，只需留意这些内容即可。

然后通过网络或各种媒体（新闻和报纸）等，了解该公司的信息。目前该企业的热点是什么？是正面报道还是负面新闻？如果有新产品面市，其评价如何……以此来判断该企业的形象。当然，所有过程都要让孩子一起参与并学习。当孩子做出决定后，就可以购买股票了。

可能有些家长为选择哪家企业，感到很为难。克斯皮和纳斯达克特意选出了孩子会感兴趣的 20 家企业名录（参见 P131 表格）。因为一旦投资了某家企业，那么对该企业今后的效益发展趋势，也要保持持续关注，因此应该以选择那些孩子熟悉的企业。

每个孩子关注的领域各不相同，对于其他孩子来说陌生的领域，但对自己孩子来说属于熟悉的领域，就可以接受。另外，考虑与孩子将来的理想相关的领域，也是个不错的选择。因为至少可以提前设想和确认该领域的未来发展前途趋势如何。让孩子自己选择感兴趣的企业，这种过程非常重要。如果孩子对此感到有难度，可以帮助孩子了解更多的信息，好让孩子做出更成熟的选择。总之，最终决定权，还是要交给孩子自己。

选择企业时，先让孩子选出自己感兴趣的企业，再问问他这样选择的理由。可以问孩子，认为将来哪些企业会有前途，听听孩子的理由。就算孩子掌握的信息量有限，选择的企业和父母心目中的候选项有出入，也要尽可能尊重孩子的意见。

纳斯达克上市企业

单位：韩元

三星电子（IT 企业）	860,000	每日乳业（饮食类）	13,800
SK 电信（通讯公司）	157,000	Megastudy（教育）	173,900
起亚（汽车）	59,200	Credu（教育）	47,850
KB 金融（银行）	54,000	比萨先生（快餐）	1,610
NHN（网络公司）	182,000	微微笑（饮食类）	58,400
IMBC（广播）	2,600	三千里自行车（生产）	9,870
南阳乳业（乳制品）	665,000	韩亚航空（航空）	8,700
NEOWIZ Corporation（游戏公司）	12,150	安博士公司（ahnlab Inc.）（网络安全）	17,000
农心（食品）	218,000	NCsoft Corporation（游戏）	243,000
成校教育（教育）	3,650	yes24（图书）	4,720
DAUM（网络）	90,000	乐天购物（网购）	419,000
大韩航空（航空）	56,500	熊津集团（教育）	15,100
东亚制药（制药）	108,000	Yuhan（制药）	145,500
斗山（流通）	122,000	韩亚旅游（旅游）	38,500
Maniker（食品）	1,205	LG 健康生活（生活用品）	360,000
SM（演艺）	17,300	CJ CGV（电影）	25,650

※ 参考 2011 年 3 月 15 日信息

☆让孩子学习观察股票趋势

“妈妈，我的股票看起来很奇怪。”

孩子办理了股票存折后，对于时刻变化的股价会觉得紧张或措手不及。看到当前的股价和初次购买时不同，孩子很有可能百感交集。这也说明孩子对股票非常关心。

办理了黄金存折之后，需要了解黄金的走势，股票也是如此，要时刻确认股票的波动趋势。股票的变化远比黄金的金价起落要复杂多样。股票就像生命体一样，随公司一同孕育成长、衰老或死亡。当孩子了解股票的这种特性后，观察股价时，就会表现出更多的耐心。

观察股票行情时，每月至少要了解一次公司的运转状况。一旦看到有关公司的负面报道或预感公司的财政情况可能会恶化时，可以将投资目标转移到更好的公司进行投资。这一点需要向孩子说明，原因是公司效益好时，股票会带给持有人非常大的收益，但如果出现问题，很有可能带来莫大的损失。孩子必须了解这种特性。通过黄金存折，可以让孩子了解固有价值的概念；而通过股票存折，可以让孩子了解浮动价值的概念。一定要让孩子铭记，如果所投资的公司出现问题或遭遇较大的损失，那投资的金钱很可能全部打了水漂。

孩子在时刻关注股票行情的过程中，会反复琢磨和研究自己投资的

企业情况，对企业的工作内容也会更感兴趣，甚至还会留心观察生活中哪些产品是该企业的产品。由于孩子理所当然地认为自己是该企业的股东，因此还会偏执地爱上该企业的产品，很少购买其他产品。对于股价的上涨和下跌，也会独具慧眼，积极思考导致价格浮动的原因。

例如，盛夏时，因销售旺季到来，冰激凌和饮料类公司的股价可能会上涨；而节假前，旅游公司或航空公司的股价会上涨；有新款汽车或电子产品上市时，该公司的股价也有可能上涨。

正是通过股票，孩子才慢慢领悟到价格波动的原理，并且养成多方位思考的习惯，从而具备慎重选择且独立选择的自主性。当孩子意识到投资的责任时，继而对自己的一举一动也会慎重起来。由此，可以达到我们为孩子办理股票存折的初衷。

那么，接下来带孩子按照申请程序办理股票存折即可，这样孩子就可以正式开始炒股了。申请股票存折的步骤如下：

第一步：和孩子一起查询周围区域的证券公司信息。

第二步：寻找一家手续费低，而且距离较近的证券公司。

第三步：带上户籍证明、孩子和家长的身份证。

第四步：带孩子一起去选择证券公司。

第五步：领取排序号码，在办理窗口区等候。

第六步：向银行业务员说明申请事项。

第七步：办理好存折后，返回家中。

第八步：在电脑中设置 ×× 证券公司网上交易，并进行操作。

第九步：查明所选公司的股价，做好记录。

办完股票账户后，我们最初计划的三个存折都已经拥有了，可以说已经具备了让孩子成为富翁的投资基础。从此之后，只要和孩子一起进行投资就可以了。

全美最杰出的演讲家和激励大师——丹尼斯·魏特利博士说："给子女最好的礼物，就是让责任心作为基础，将独立作为翅膀。"懂得如何制定目标，并进行实践，对自己的行为能够负责，而且拥有足够的耐心并付出努力……正因为曾经体验过三个存折式的理财教育，孩子才能拥有这样的气质。在孩子设计自己的未来时，家长要尽量少施加影响，让孩子自己来绘制理想的蓝图。

04

让孩子参与制订家庭理财计划

前面我们所讲的内容包括：第一，为了孩子的将来进行投资时，如何对孩子进行理财教育的方法；第二，如何通过实际的理财活动，让孩子掌握创富的方法。通过这个过程让孩子明白，金钱并不仅仅是人们购买各种物品的工具，还是让我们把经济活动经营得更高效美满的手段。

那么之后的问题，就是如何有计划地花钱，这与有计划地花零花钱有所区别。“有计划地花零花钱”是指，在有限的金额范围内进行消费。而“有计划地花钱”则是指超出零花钱的范围，消费大额度的金钱。

例如，平时只花 10000 韩元的人，突然给他 100 万韩元，让他一天里花光，反而会让他犯难。因为骨子里已经形成了消费一定数额的习惯，对于突然多出的“巨款”，就会表现得适应缓慢。当然，如果是任意挥霍，

花掉100万韩元也不难。可本书是指有计划且有意义地花掉这笔钱，孩子就会觉得很困难。因此，我们有必要将孩子的消费习惯引领到更高的层次。

那么如何才能让孩子无论遇到什么情况，都能理性、明智且有计划地消费呢？最简单的答案就是让孩子体验成人的世界。以孩子的消费水平与零花钱的金额限制来体验，效果非常有限。因此，可以让孩子参与到家庭消费计划的筹划过程中，从而体验如何消费数额较大的金钱。

家庭消费计划里都会涉及哪些细节呢？家庭活动应该包含多种类型，我们只选旅游计划与派对计划来举例。出于让孩子通过经历学习知识的目的，大多数家庭会经常带孩子去旅游。孩子不仅可以了解当地的历史和文化，还能在大自然中通过亲身体验，达到开阔眼界与增长见识的效果。这时，也可以让孩子体验一下经济活动，达到一石二鸟的效果。决定去旅行时，让孩子参与到计划过程中。绝不是让孩子仅仅当个助手而已，而是把所有的主导权都交给孩子负责，由孩子制定旅行计划。

孩子在接到如此重大的任务时，难免会觉得彷徨和紧张。“我能胜任吗？”可能刚开始会打退堂鼓，但很快又会对这项新任务充满期待，激动无比。家长如果能适当地给予帮助，就能很好地推动孩子的工作，令孩子立刻找回自信心。当孩子意识到自己的责任重大时，就会对于自己掌管的经费安排更尽职。

首先规划好旅游目的地，再计划日程和经费；这些内容家长只起到

引领作用。然后让孩子通过网络或其他渠道搜集资料，以确定交通方式、住宿和细节计划等内容。过去，孩子只是跟随父母旅游，从未在意这些因素。通过这次亲身策划和收集资料，才能了解过去旅游的大致花费需要多少，以及每次旅游之前需要确认的细节。内容尽管琐碎，但对孩子的成长非常重要。

旅途中所需的费用，也可以交给孩子管理。先让孩子了解一下旅游地所需的各种花销项目，除了住宿费等较大的开销之外，其他如餐费或杂费都可以交给孩子管理。孩子一旦接受了任务，即使大人不教，也会显露出葛朗台的精神。过去总缠着大人买这个或那个的孩子，如今弟弟想要喝饮料，也会变得小气起来："马上就吃午饭了，等会儿！"或者干脆把自己的水递给弟弟，显示出从未有过的细致和耐心。

其实任何领域都是如此，家长只需要引导孩子即可，不要忘了自己只是个配角。家长只对孩子无法承担的部分才伸出援手，这才是家长最大的责任。让孩子参与到旅游计划中，并体验亲自管理钱财之后，将来遇到大笔预算或大型活动时，他也不会不知所措或畏首畏尾，提升孩子的自信心与独立能力。

除了旅游，让孩子设计派对方案也是个不错的主意。可以让孩子策划自己的生日派对，设计好派对的主题之后，购买物品、安排菜单并备齐材料，把整个派对过程都交给孩子来策划。通过策划活动与主持活动，锻炼孩子的领导能力与沟通协作能力。

第一次策划庆典的宴会，通常是自己的生日，因此不会给孩子带来

庆典

很大的压力。之后可以让孩子策划一下其他家庭成员的生日宴会，虽然这时自己已不是宴会的主角，但是依然会带着责任心和难得的成熟，为宴会主角认真设想。假设是为爸爸庆祝生日，那孩子会积极考虑：“爸爸喜欢什么？他喜欢吃什么？”从而还能加深家庭成员间的亲密度。

我的建议是，如果孩子策划了其他家庭成员的生日宴会，那么可以给孩子一定的辛苦费作为他的收入，就像委托策划公司举行庆典活动一样，正式委托孩子来筹划。因此当活动圆满结束后，应当向孩子支付一定的报酬。通过这类活动，孩子可以挣到零花钱之外的收入。

唯有利用这种形式，孩子才会不只局限于零花钱的世界，他可以通过较大规模的经济活动来拓展自己的思维，从中得到锻炼，因此家长要多提供这种机会。

05

利用博物馆，进行故事式理财教育

股票市场里最经常出现的动物是什么？也许是在证券交易所入口看到的雕刻铜像吧。我之所以会提起这个，是因为经常听别人把股价比喻成牛或熊。股票市场行情上涨时，称为“牛市（bull markets）”；而行情不景气或呈现跌落趋势时，则称为“熊市（bear markets）”。所以在证券交易所门口，经常会摆放着牛与熊针锋相对的雕塑品。向上顶着犄角的牛，代表股价上涨；向前俯冲的熊，则代表股价下跌。

除了这些，股票市场里还有许多有趣的比喻。例如，那些跟随牛市和熊市左右摇摆的人，被称作“羊”。这类人静观牛与熊相斗，看到牛有赢出的苗头，就趋向牛这边；而看到熊有利，又向熊蜂拥而至。这副模样看起来就像羊群，于是才有了这个绰号。

而那些对股价战战兢兢的人，则被称为“鸡”，是指他们像新手一样胆小怕事，而且略带些傻气。

除此之外，还有野猪、蚂蚁、凤仙花，以及英国童话故事里的金发少女等绰号。对于第一次接触股票市场的孩子，如果家长利用这些故事令孩子产生兴趣，并亲近股票，不仅增加了学习的乐趣，还易于孩子接受。通过故事的形式，令复杂的事情变得简单易懂，激发孩子的兴趣，使之更容易亲近股票。

理财教育也可以遵循这个原则来进行。试想，硬将孩子拽过来，给他讲生硬的理财教育课，孩子当然不愿意听了，应该采用某些技巧。如果“一加一等于几”的方式不可取，那就换个说法。“这里有一块糖，又给了一块，现在有几块糖了？”我们的目标就是用丰富的故事情节，为孩子上一堂快乐有趣的理财课。

博物馆是最适合对孩子进行理财教育的场所。2000年之后，韩国建立了许多以金融机构为主的经济博物馆，并投入运营。其中有不少博物馆目前只以展览为主，家长可带领孩子一起参观，并为孩子做好临时讲解员，让孩子在轻松愉快的氛围中学到经济知识。

“对于经济，我自己都不了解，怎么给孩子做好讲解员呢？”有些家长肯定会有这样的担心。其实，不必那么紧张，只要事先掌握一个简单的技巧，家长完全可以担当经济博物馆临时讲解员的角色。这个技巧就是“提问”。博物馆里展览的物品，大多是能再现当时生活情况的物品。它们除了是一件件独立的展览品，还蕴含着某些背景故事。例如，朝鲜

时代的货币“常平通宝”有什么用途？当时的人们是如何携带的？浏览展品时，可以对孩子这样讲解：“常平通宝的用途是货币，数的时候一枚一枚地数。携带时通常放在衣袍的袖子里，也可以用细绳穿起来，别在腰间。

家长确定要向孩子讲解某个话题后，可结合展品旁边附加的说明，并结合其他相关展品一起，对孩子进行故事式解说。也可以由此扩展话题，例如“韩国使用常平通宝时，外国都在使用什么货币呢？”“1 枚常平通宝相当于现在韩国使用的货币多少钱呢？”通过各式各样的问题，激发孩子的兴趣，鼓励他在展馆里寻找线索。如果不了解，也可以直接向馆长询问，直到孩子完全明白。

在这个过程中，关键的环节是家长通过博物馆中的展品，结合现在和过去的时代，尽量多提问题。将展品用故事形式，为孩子进行解说，不仅可以激发孩子的想象力和信息掌握能力，达到综合教育的目的，还可以激发孩子对相关课程的学习兴趣。周末或闲暇时，和孩子一起去经济博物馆参观，是个不错的选择。所谓百闻不如一见，让孩子身临其境地感受一下，应该收获颇大。

1. 韩国银行货币金融博物馆

首尔中区南大门路 3 街道 110/02-759-4881

位于新世纪百货对面的近代建筑物，就是韩国银行。韩国银行总行竣工时名为“朝鲜银行总行”。

在日本帝国主义侵略时期，1905 年曾建立过日本第一银行驻韩总行，即京城分店。它主要负责管理政府国库资金和货币发行等业务。1909 年 10 月韩国银行建立后，肩负着中央银行的机构职能，并于 1911 年更名为朝鲜银行。朝鲜银行于 1911 年动工，选址在作为重点保护的 280 号地段，因此还具有历史纪念意义。光复之后，由于发生过火灾，里面的部分设施已经损毁。在抗美援朝时期，由于炮击等破坏，里面的设施几乎全部损毁，直到战后才重新进行修复。1989 年，终于修复原貌，并于 2001 年正式投入使用，作为货币金融博物馆向大众开放。

在这里，不仅可以看到货币的制作和流通过程，还可以学习辨别伪钞的方法。人们可以了解货币的发展史、货币与国家经济的关系，并浏览世界古代货币和纪念货币等各种展品，具有很好的教育意义。除此之外，还可以制作印有自己肖像的货币等各种体验活动，假期还会针对儿童开设儿童博物馆课堂。

2. 韩国金融史博物馆

首尔中区太平路 1 街道 62-12/02-738-6806

韩国金融史博物馆位于新韩银行光华门分店店内，是韩国最早的金融历史博物馆。1997 年 3 月，为了纪念新韩银行创建 100 周年而建立。博物馆开放初始，名为朝兴金融博物馆，后来随着朝兴银行被新韩银行合并，才更名为韩国金融史博物馆。

这里收藏着韩国从古至今各种金融交易的相关记录与物品，可以看到各种存折和银行卡的发展过程。在这里，孩子可以了解古代人进行交易时的情形，除了可以看到古代物品和货币，还可以听到过去为了借钱，而用驴做担保的商人的故事，里面还展示了许多有趣的展品。不仅如此，还可以用自己喜欢的图案来制作货币；通过猜谜来体验“挑战！金融博士”的活动，是一个金融体验的理想场所。

3. 韩国友利银行银行史博物馆

首尔中区会贤洞 1 街道 203/02-2002-5098

韩国友利银行银行史博物馆位于有利银行总行地下一层。在这里，可以一览韩国银行的发展历史。从近代银行的出现，到现代韩国银行史，馆内均有相关展品展示说明，还有各种主题的存折展示画廊，可以让孩子近距离了解银行的历史发展。在这里，孩子可以了解各种经济常识，

通过绘画等多种丰富的活动及教育形式，亲身感受银行从出现至发展到现代的运营状态。

4. 新世纪韩国商业史博物馆

京畿道龙仁市南四面仓里 256-1/031-339-1234

新世纪商业史博物馆位于新世界流通研究院院内。在这里可以观看与韩国商业史相关的资料与展品，通过立体且动感的展会媒介，为参观者提供许多有益的信息。除了东国重宝、三韩通宝与常平通宝等高丽·朝鲜时代的货币、朝鲜末期的计量秤等展品，还能看到 20 世纪六七十年代的商品券与韩国最初的信用卡等展品，这些都是平时百姓很少有机会看到的展品和文献，它们与韩国的商业发展息息相关。

另外，馆里利用全息影像，围绕碧澜渡展现了高丽时代的国际贸易情形；并且经过严谨的考证，再现了朝鲜后期的市场模式，使参观者耳目一新。博物馆还以图片的形式展现了新新、和信与东和等最早成立的百货商店，以及近代流通机构。

5. 海关博物馆

首尔江南区论岘洞 71/02-51—1082

海关博物馆位于首尔海关一楼。在这里不仅可以看到海关的历史文

献展品，还可以通过画面了解海关人员如何识破走私行为，以及体验如何辨别真假商品，还能了解到许多趣闻。例如，有人把金戒指藏在鞋垫下面偷运过关，还有人在牙膏或饭盒里私藏现金和金块等。

6. 租税博物馆

首尔钟楼区清进洞路 44（寿松洞 104）/02-397-1635

在租税博物馆里，可以看到与税金相关的各种资料和物品。孩子在这里既可以了解有关税金的历史、参观历史展品，又可以兴致勃勃地阅读相关的趣闻轶事。博物馆内，从三国时代到现代，针对各时代的租税制度和相关历史事件进行了整理和展示。此外，还设有儿童与青少年税金课堂与职业体验课堂等多种体验活动。

7. 证券博物馆

京畿道高阳市一山东区白石洞 1328/031-900-7070

证券博物馆是韩国唯一的专业证券博物馆。这里不仅展示了韩国的证券，还展示了世界各国证券领域里极具历史性、稀有性和艺术性的证券，以及世界名企的证券。为了向大家更好地讲解证券市场的原理，馆内特意安装了具有对话功能的 Kiosk 和 Sliding Vision 等人工智能型教育程序的高新数码教育设备，为参观增添了许多乐趣。

通过辨别伪钞和制作独一无二的有价证券等体验活动，可以帮助孩子了解证券。馆内针对参观人群的年龄特点进行解说，并开设多种与证券相关的教育活动。

8. 货币博物馆

大田广域市儒城区柯亭洞 35/042-870-1000

货币博物馆系统地展示了韩国与外国货币及有价证券的历史资料，共设 4 个展区，包含 12 万幅货币资料，其中 4000 多幅展品按时代和类型进行分类，使参观者能一目了然地了解韩国货币的千年历史。

9. 韩国交易所宣传馆

首尔永登浦区汝矣岛洞 33 /02-3774-9000，4083

韩国交易所宣传馆位于汝矣岛韩国交易所内。在这里，人们可以了解过去的证券交易流程，了解股票的基础知识。在电视里看过的大型股票显示器，在此可以亲眼看到。为了让普通民众对证券市场有综合且系统的理解，馆内还开展了宣传馆参观旅游项目。针对儿童、青少年、大学生、普通民众和教师，无偿提供经济教育、免费证券体验教育及青少年证券教室等项目。

懂理财的孩子就会与众不同③

懂得统筹思考

人为什么需要接受教育呢？是希望通过前辈或老师，能直接学到前人积累的经验和知识，以便于在将来的生活中，每次遇到问题或困难时，都能合理且有效地解决。但是在实际生活中，能应用到学校教授知识的概率，究竟有多少呢？各种应试教育究竟是否对我们有益，很让人感到困惑。

例如，通讯公司不可能要求客户必须懂得科学技术；超市也不会要求顾客掌握数学原理；书店不会要求阅读者的语文成绩达到某种水平。现实生活要求我们具备的是综合与多方位的思维能力。举个最简单的例子，假设要准备家人的晚餐，那首先要看看口袋里有多少钱，确定买菜所花费的金额，再选择家人爱吃的菜，然后搭乘公交车或地铁（也可以自己开车或走路），到市场购物。要尽可能购买新鲜的菜，并且为了选到物美价廉的菜而与商家讲价。

我们的生活就是由这些综合的活动组成的，因此必须借助理财教育，培养孩子综合思维的能力。在理财教育过程里学到的知识，是从书本上无法学到的内容，既真实又符合实际需求，不分科目，均有涉及，系统且有机地相互联系。

接受过理财教育的孩子将来进入社会时，与毫无类似体验的孩子相比，能力要强许多。对于日常生活中遇到的各种问题，也能有效应对，并顺利解决。当然，我这样说并不是贬低语文、数学和英语能力，但是如果想让孩子过上美满的生活，家长就要懂得“授人以鱼，不如授之以渔”的道理。过去的教育方式多以灌输式为主，老师只要把知识包装好，丢给孩子就可以了。但是随着生存环境日益复杂多样化，每个人的生活条件也各不相同，教育方式必须进行改革。现有的灌输式教育，正被结构主义教育所代替。

结构主义，顾名思义，就是知识处于“正在建构”的状态，重视知识积累的过程。由于每个人的背景、环境及经历各不相同，因此即使老师传递一样的知识和信息，其理解和接受方式也必然会有所不同。通过这种过程产生的结果与知识，当然会因人而异了。过去的教育中，标准答案只有一个；而在今天，不同的答案也可以被认可。

在实践体验中获得的经验，会持续更久，而且日后遇到相似的情景时，也能熟练地应用。例如，当孩子们被问道：“上学最有效的交通方式是什么？”有的孩子会回答公交车，有的认为是私家车，也有人回答是地铁，还有的孩子可能觉得自行车最方便。同样是针对“有效”这个角度，有的孩子联想到廉价，有人理解为合理性，有人理解为速度优势。正是因为每个孩子经历的不同，才会令他们想出各种不同的答案。

结构主义教育中的核心内容是“先验论与解决问题的能力”。结构主义教育提倡当孩子在生活中遇到问题时，是否能根据以往的经验，有效解决问题，并克服困难。现代教育与知识的核心就是无论遇到任何情况，孩子能否根据自己掌握的知识，合理有效地解决问题。所谓创新学习，就是如此。

目前，许多大公司在选拔高层员工或管理人员时，根据提出的问题，针对应聘人员解题的态度，评价其能力，并不是单纯去参考类似托福等某一方面的知识掌握能力，而是看谁能最有效地给出大家认可的答案。如今，所有领域的评估和教育模式都已发生改变，理财教育正是与这种新型模式相辅相成的。因为理财教育能够自然地促使孩子进行综合性思维。

——是否了解家庭的经济状况？

——是否了解未来的职业？

——协商能力如何？

——如何投资？

——如何管理零花钱？

——如何在跳蚤市场出售物品？

以上问题如果只靠片面思维，是无法解决的，无一例外都需要具备综合思考能力才能解决。理财教育具有结构主义的特性，重视实际经验，因此能让孩子成为具有进取精神的人才。

说的再现实一点儿，如今的高考不同于父辈时的考试，只要语文、数学和英语优秀就能考入名牌学校。根据目前的实际情况而言，结构主义式综合教育和体验教育已成为主流，高考政策也在逐渐发生变化。针对偏僻地区的孩子、少数民族家庭子女、体育特招、创业学生、特长生及富有潜能的孩子，都被赋予了入学的机会。

随着扩招，上述倾向更为显著。招生时，学校更看重学生的未来发展可能性、职业潜能、经历、履历和领导能力等。等到10年后，现在的小学生面临高考时，这种政策可能会更灵活。所以家长不要只局限于语文、数学和英语成绩，应尽可能尝试理财教育，赋予孩子更多应对挑战的能力。

允许存在不同，培养孩子的协作意识

经济活动以协作为前提。一个人无法进行交换，也不可能自己创造出效益。在经济活动里，始终会有“你”“我”及“大家”。“我”必须在“大家”里做出最佳选择，以创造最大的效益。相比个人的努力，“大家”一起的努力，会创造更大的效益。这些道理都是孩子通过经济体验而自

然领悟的。这不是简单地分工，而是“我”所了解的信息，加上“对方”了解的信息，是“我”的经验加上“对方”的经验，最终会获得1+1=3的综合效应。

之所以“大家”能够创造出更大的综合效应，原因在于他们之间存在的差异性。每个人都不一样，能力和工作范畴也不一样。这些不同的人聚集在一起，共同参与到经济活动中。每个孩子的生长环境和经历各不相同，生活条件也不一样。因此在经济领域中，相同的一句话，不同的人听起来会有不同的理解。

提起房子，有些孩子可能会联想到楼房，有些孩子可能会联想到独栋住宅，也有些孩子可能会联想到屋顶的小阁楼。钱、交通、零花钱、储蓄、选择……这些概念很容易给人丰富的想象空间。理财教育并不是忽略情节和环境的，而是允许按照自己的情况去选择和接受，这也是理财教育区别于其他教育的特点。理财教育不会一刀切，也不会因为不同而被视为错误。允许因个体不同而出现答案差异，尊重孩子，这就是理财教育的特点。

现在，国家的界限已经越来越模糊，多元文化教育越来越受到大家的重视，而多元文化教育中的核心内容，就是能够认同“我和你不同”这一观点，明白“不同并不等于不对”的道理。理财教育不仅和多元文化教育相连，也和世界市民教育一脉相承。虽然各不相同，但是这本身就是一种现实。正是这种差异性和丰富多样性聚集在一起，才汇成了丰富多彩的世界，理财教育正是教我们认清这一点。

有时候，孩子身上也会沾染物质万能主义价值观。小孩子竟然也会计较住在哪里，住多大的房子，开什么车，穿什么名牌鞋，他们用这些来评价一个人或结识朋友。其实，正因为孩子缺乏理财教育，才会产生这种错误的价值观。通过理财教育，孩子会学着接受这种区别的存在，而且会从自身情况出发来思考问题。就像一提起零花钱，有些孩子会想到 10 万韩元，而有些孩子想到的是 3 千韩元，这当然不存在对与错，是很正常的思维。所以，只要根据自己的实际情况，按照自己的方式进行就可以。

接受个体的不同，并且切合实际地理解和看待周围的事物，这一点很重要。只有做到这一步，才能向下个阶段过渡。在这个过程中，理财教育可以说是切合实际的有效方法。

第五章
三个存折令孩子成为富翁

存折 三个存折令孩子成为富翁

三个存折对于孩子的未来，究竟会造成哪些直接的影响呢？我们通过一系列数据分析一下，利用三个存折成就的理财教育效果与实际收益率。

理财教育与三个存折是通过何种方法展现复利魔法的呢？拿起计算器，仔细算一算吧！你会发现，为了孩子从现在开始做起，在未来物质上将达到多大的收益，精神世界又会变得多么丰富多彩。

从现在起，家长千万不可只是茫然地相信或希望，而对孩子的未来袖手旁观。英国著名社会评论家约翰·罗斯金（John Ruskin）曾说过："处理事情只有一种正确的方法，而正确地分析事情也只有一种方法，那就是审视全局。"

只有宏观地审视整个人生，才能正确地走向未来。让我们做一个明智的父母，不要只考虑孩子现在的生活，而要放眼于未来，为孩子创造更宽广且绚丽的未来吧！

01

三个存折，开启孩子美好未来

若想让孩子在未来成为富翁，需要为孩子营造以下生活环境。

第一，父母要掌握基础理财知识，并以此为背景，在实际生活中教育孩子，为孩子做好榜样。

第二，父母要为孩子营造一定的理财氛围，让孩子自然地对生活中看到、听到及学到的理财现象产生兴趣，并怀着好奇心，主动地探索世界。

第三，父母要为孩子创造环境，使孩子能够按自己的观点进行选择，并相信孩子的选择，鼓励且信任孩子，让孩子拥有自信心。

第四，父母要支持孩子，直至孩子经济独立。在父母的支持下，孩子要自己开拓创造更多附加价值的生产环境。

第五，孩子长大后，无论从事何种职业，无论成为企业家还是艺术

家，只要经济自立了，就要在该领域持续地挑战与创造，以形成被认可的“创业者环境”。

让这种创业者精神得到淋漓尽致发挥的成长背景，就是三个存折。只有这样相互配合，才能收获最佳的经济教育效果。也就是说，家长仅仅准备了三个存折，并不意味着所有的理财教育就大功告成了。

当孩子尚未成年时，父母要为孩子进行理财教育，鼓励孩子积极参与，并支持孩子，在物质方面提供投资。为孩子提供的理财教育与鼓励，在孩子成年后将会创造出实际的附加价值，在理财方面渐渐替代父母的角色。

子女步入青年时期之后，将通过自己的经济活动分担父母的经济负担。随之，父母的经济支持会逐渐减少。而子女成年后将更加独立，几乎完全承担了父母的负担，新老一辈的经济环境自然地形成一种相互作用的关系。孩子成年后也将会得到社会的认可，成为经济富足的富翁，享受滋润的人生。

贯穿这种成长环境的人生初期，最重要的基础就是创业者精神。能够充分发挥创业者气质，不断地学习、挑战并创新的孩子，在离开父母的保护后，也能自信地融入社会并发挥自己的作用。而为培养这种创业者气质提供自信的轴心，就是 ELIS 的三种魔法。

★ ELIS 魔法的实践与效果

在前面，我们已经了解了如何利用三个存折，为孩子的未来做好准备。现在我们重新回顾一下。通过如下实践过程的分析，能够感受到 ELIS 的效果。

好好打理三个存折，孩子真的能够获得经济上的富足吗？假设三个存折的收益率为 13%，计算一下孩子成年后将获得的金额。一般人很难通过金融投资获得如此高的收益，但通过 ELIS 魔法熟悉经济趋势的孩子，完全可以做到。

ELIS 魔法管理表格

分类		1 月	2 月	3 月	……	10 月	11 月	12 月
子女的选择	整存整取存折							
	黄金存折							
	股票存折							
父母的支持	整存整取存折							
	黄金存折							
	股票存折							
投资金额（a）								
月投资利益（b）								
月总额（a+b）								
季度累计								

记录三个存折

1. 在每月整存整取存折、黄金存折和股票存折投资项目中，用○表示孩子想投资的选项。

2. 以子女意见为基础，与父母商议后达成一致的在空格内写入金额。

3. 将每月投资的总金额填写在［投资金额］（a）里。

4. 一个月后，进行下个月的投资之前，将相应月份的投资利益记录在［月投资利益］（b）栏里。若有损失，在前面做△标记，然后填入损失金额。

5. 将［投资金额］（a）与［月投资利益］（b）的合计金额记录在［月总额］（a+b）栏里。

6. 每 3 个月进行一次合计，填写在［季度累计］栏里。

7. 每年针对该年度投资金额进行汇总、整理。

8. 一年后，家长与孩子讨论每月投资倾向、成功与失败的原因，以及主要投资的发展趋势等。

9. 以此为基础，制订来年的投资计划。

ELiS 不同投资金额与不同年龄段的收益率数据

父母要告诉孩子，虽然孩子尚未成年，没有进行实际的金钱投资，但已用部分零花钱代替。这时，孩子才会认识到那是自己的存折，进而会主动关注。

· 基本表格 1（投资额初期 35 万 ~ 成年 55 万）

[单位：千韩元]

子女年龄	投资金额		月投资额	总投资额	资产总额（投资数的 13%，ave）
	父母	子女			
8~17 岁	350	0	350	42,000	87,420
18~27 岁	300	150	450	96,000	409,151
28~37 岁	150	400	550	162,000	1,526,265

· 可供选择的表格 2（投资额初期 55 万 ~ 成年 75 万）

[单位：千韩元]

子女年龄	投资金额		月投资额	总投资额	资产总额（投资数的 13%，ave）
	父母	子女			
8~17 岁	550	0	550	66,000	137,374
18~27 岁	450	200	650	144,000	628,679
28~37 岁	250	450	750	234,000	2,321,421

★不同投资金额与不同年龄段的收益率数据

我们设定的投资收益目标为平均 13%，而一般理财书大多建议采用 10%~15% 的高收益整存整取方式。虽然通过这种方式或许可以获得大笔金钱，但却不能帮助孩子确立自我谋生的经济主体性与独立性。因为那些都是以父母为主的投资，这些钱通常用于孩子上大学或结婚。也就是

说，这只是为父母准备的，是一笔减轻父母经济负担的款项而已。

而没有受到良好理财教育的孩子，直至长大后才向经济世界迈出第一步，然后自己摸索着前进。这样的孩子容易因挫折而变得灰心丧气，通常会沦落为青少年信用不良者或尼特族（NEET：Not in Education, Employment or Training. 意思是既没有正式工作，也无参加工作意向的青年无职业者）等社会不及格生。

其实，我们的目标并不是提前为孩子准备大学学费或结婚费用，而是帮助孩子打造扎实的经济基础。当然，孩子上大学或结婚的确需要提前准备大笔款项，但让孩子学会审视经济世界，拥有生活必需的强有力的知识工具更重要。一个具有与众不同的经济视角与理财观念的孩子，在经济环境中做出正确决定的可能性，比普通孩子高很多。

在子女教育与理财活动影响下成长的孩子，作为社会主流活跃于各领域时，不仅拥有自己的工资收入，三个存折也在不断地为孩子赚取15亿韩元（在P161［表2］的情况下，金额可达23亿韩币），应该说是各种经济活动齐头并进。具备这种强劲竞争力的孩子拥有坚定的信念，对生活充满了自信，很容易被社会认可并获得成功。

让我们一起想象一下吧！现在我们认真地对孩子进行经济教育，手里还有15亿韩元的存折，这个存折每年都会发生追加利益，本金也在不断增长。自然而然会心情愉快，觉得生活是多么美好，心里总是充满幸福和自信！我们想象的这种幸福，来自孩子将来要享受的一切，而这一切都是作为父母付出努力的结果。

与 ELIS 一起，将孩子变成富翁的表格

· 基本表格

［单位：韩元］

投资额（35–45–55）		1 年（8 岁）	5 年（12 岁）	10 年（17 岁）	15 年（22 岁）	20 年（27 岁）	25 年（32 岁）	30 年（37 岁）
目标 13%	本金	4,200,000	21,000,000	42,000,000	69,000,000	96,000,000	129,000,000	162,000,000
	当年收益	546,000	3,538,228	10,057,183	23,078,858	47,070,449	92,284,324	175,587,958
	本息	4,746,000	30,755,364	87,420,129	200,608,533	409,150,830	802,163,741	1,526,264,555
目标 10%	本息	4,620,000	28,205,562	73,630,902	154,847,597	285,647,898	504,361,822	856,602,785

· 可供选择的表格

［单位：韩元］

投资额（55–65–75）		1 年（8 岁）	5 年（12 岁）	10 年（17 岁）	15 年（22 岁）	20 年（27 岁）	25 年（32 岁）	30 年（37 岁）
目标 13%	本金	6,600,000	33,000,000	66,000,000	105,000,000	144,000,000	189,000,000	234,000,000
	当年收益	858,000	5,560,072	15,804,145	35,689,107	72,325,860	140,837,626	267,066,113
	本息	7,458,000	48,329,858	137,374,489	310,220,697	628,678,630	1,224,203,977	2,321,420,826
目标 10%	本息	7,260,000	44,323,026	115,705,703	238,726,949	436,853,897	763,998,059	1,290,867,005

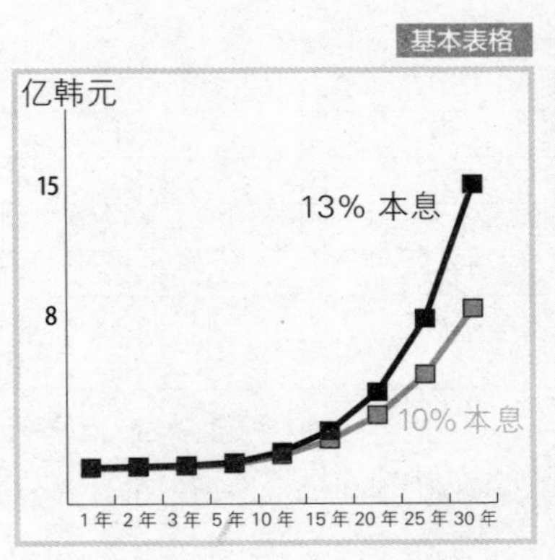

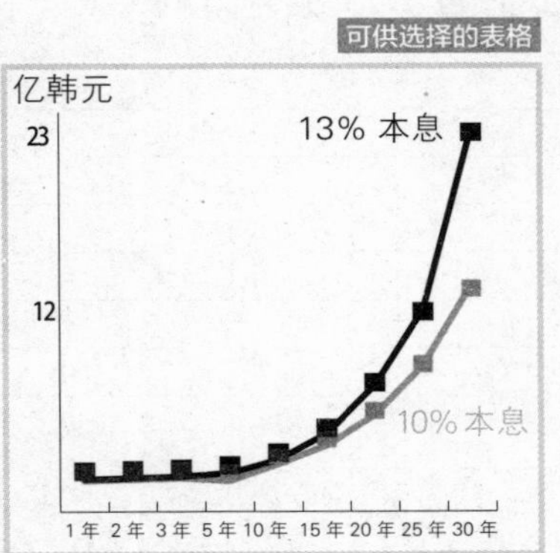

02 另一个理财理由——赠与税①

我们决定每个月为孩子投资 35 万韩元。首先给孩子 5 万韩元，三个存折分别存入 1 万韩元；然后孩子在黄金与股票存折之中任选其一，再存入 2 万。父母要将 15 万韩元存入复利式整存整取存折里，同时作为对孩子投资决定的支持，在孩子选择的黄金或股票存折里再存入 15 万韩元。这样，每月整存整取存折里会存入 16 万韩元，黄金或股票账户里将分别存进 1 万与 18 万韩元。

分类	孩子	父母	小计
黄金存折	3	15	18
股票存折	1		1
整存整取存折	1	15	16
小计	5	30	
总计	35		

[单位：万韩元]

① 赠与税以赠送的财产为课税对象，向赠与人或受赠人课证的税，是世界上许多国家实行的一种财产税。征收赠与税，目的是防止财产所有人生前利用赠与方式逃避死后应交纳的遗产税。通常多与遗产税同时实行。目前，中国尚未开征赠与税与遗产税，但对房产赠与这一领域则涉及多项税收政策。（编者注）

将来把经过长期管理并积攒下来的财产交给子女时，父母又多了一份担忧，那就是赠与税问题。所谓赠与税，是指无偿获得财产的人，针对不劳而获的所得而支付的税金。原则上，赠与税要由获赠人支付，但有时也可由赠与人代替支付。例如，赠与未成年子女时，父母要替子女代缴赠与税。赠与税的缴纳规定如下：未成年人10年间获赠1500万韩元以下，成年直系亲属10年间获赠3000万韩元以下时，可免缴赠与税。被人们普遍认可的零花钱与教育费用，不必缴纳赠与税。

我们的存折里明确记录着每月向子女提供的金额数目，通过存折可以判断这部分款项是留给孩子的零花钱。这与一次性赠与财产是完全不同的两个概念，而且对存折里增长的利息金额也不必担忧。因为赠与税只针对赠与部分的金额数量，增加的利息部分不征收赠与税。

所以，只要是属于社会认可的零花钱与教育费用，就不必再担心。要从孩子小时候就勤于投资与教育，以努力增加未来的收益。这也是不必担忧未来需缴纳赠与税的优质理财方法之一。

如按上面策划的方式，以支付孩子教育费用或零花钱的形式积累，获得的收益增长与节省赠与税而产生的利益，数额会大得惊人。例如，按期间分段考虑时，受惠额约2亿9千万韩元；利息免税额约为5亿2千万韩元。所谓期间分段节省受惠额，是指综合赠与税抵扣范围后发生的节省受惠额度，即考虑了未成年人为1500万韩

元，成年人为 3000 万韩元限额的各年龄段赠与税节省受惠额度的总合。利息免税额是指，总本息额减去总投资额，剩余金额的赠与税节省受惠额度。

以此为背景，计算一下对未成年人进行投资时，发生的赠与税节省额度吧！可以分为未成年与成年两个阶段，从孩子 8 岁开始计算。

8~17 岁 10 年间：1500 万韩元免缴赠与税；

18~19 岁 2 年间：300 万韩元免缴赠与税；

20~29 岁 10 年间：3000 万韩元免缴赠与税；

30~37 岁 8 年间：2400 万韩元免缴赠与税。

在以上年龄段发生以下投资情况时，计算一下节省的赠与税。20~29 岁为 66,741,242 韩元，30~37 岁为 229,180,296 韩元，即赠与税节省金额累积可达 295,921,538 韩元。如果将本息总额 1,526,264,555 韩元一次性赠与子女时，适用于 30 亿以下的区段，适用 40% 的税率，再减去累进抵扣金额 6,000 万韩元，可获得 521,705,822 韩元的赠与税节省效果。父母一次性赠与子女 1,526,264,555 韩元时，因从税法上 3,000 万韩元可减免赠与税，应缴纳（1,496,264,555 × 0.4）— 160,000,000 = 428,505,822 韩元的赠与税。而通过三个存折产生的收益并不需要纳税，所以可获得以上额度的减免效果。

* 参考：3 个月内主动申报可减免 10%（3 个月内主动申报时，最终税额为 394,655,240 韩元）。

不同金额数目所对应的抵扣金额与赠与税率

适用年度	征税标准	税率（%）	累进抵扣
2000.1.1~2010.12.31	1 亿以下	10	0
	5 亿以下	20	1,000 万韩元
	10 亿以下	30	6,000 万韩元
	30 亿以下	40	16,000 万韩元
	超过 30 亿	50	46,000 万韩元

各年龄段一年投资金额

年龄	每月额度	投资比例	年额度
8~17 岁	350,000	父母 30 万韩元	4,200,000
18~27 岁	450,000	父母 30+ 子 15 万韩元	5,400,000
28~37 岁	550,000	父母 15 + 子 40 万韩元	6,600,000

赠与税节省金额

年龄	认可金额	比率	赠与税
8~17 岁	15,000,000	87,420,129	–
18~19 岁	3,000,000	37,203,894	–
20~29 岁	30,000,000	413,706,212	66,741,242
30~37 岁	24,000,000	987,934,320	229,180,296
累积金额	72,000,000	1,526,264,555	295,921,538（所得出的受惠额）
一次性赠与时	72,000,000	1,526,264,555	521,705,822（单一受惠额）：（总金额 – 认可金额）×40% 累进抵扣

03
理财教育不要人云亦云

我们现在去银行开户，为孩子办理三个存折，并进行一系列理财教育，都是为了孩子能拥有更美好的未来。但谁也不清楚未来具体是什么样子，今日不知明日事，更何况是孩子遥远的未来呢？谁也无法保证一切都将按计划发展，所以我们更要做好万全的准备。要相信未来属于有准备的人，千万不能放弃自己的梦想，要持之以恒地付出努力。

孩子也和父母一样，要时时刻刻为自己的梦想而努力。有梦想的人，会在不知不觉中变成梦想中的人。当然，孩子的梦想与目标会时常发生变化。在生活中获得新的刺激，开阔眼界与反复应对挑战的过程中，会随时调整梦想，了解自己的喜好与擅长的领域，并以此修订自己的目标。在上述过程的不断重复中，孩子的梦想会变得更具体、更清晰。

众所周知，从小树立未来人生目标的孩子，获得成功的概率非常

高，事实上也有具体的调查数据。1953 年，美国耶鲁大学以毕业生为研究对象，对他们的人生目标明确程度进行了调查。其中 67% 的学生没有明确的目标；而 30% 的学生有目标，却没有具体的实施战略；只有 3% 的学生能明确自己的目标与具体的发展方向。20 年后，研究组追踪这些学生的生活状况，结果与预想完全一致。明确具体目标与发展方向的 3%，所积攒的财产比 97% 多出很多，而且幸福指数也非常高。

看到以上的例子，家长应该知道自己要为孩子幸福的未来做哪些事情了吧。没错，就是要不断激励孩子保持自己的梦想，帮助子女完善自己的才能，去实现具体的人生目标。要为孩子提供各种有趣的机会，培养其独立性，让孩子设计自己的未来。

大部分家长很难客观地与子女保持距离，总是将自己未能实现的梦想强加在孩子身上，好像孩子是自己的作品一样予以干涉。他们事先计划好孩子的人生计划，让孩子毫无选择地接受精英课程。而孩子在不知不觉中也丧失了自己的意志与意识，成为毫无自己目标的“父母的影子”，就如同寓言故事中的旅鼠一样。

生活在斯堪的纳维亚半岛北部的旅鼠，会周期性地进行群体跳崖自杀行为。一只不明原由跟着大家奔跑的旅鼠问其他旅鼠：“大家为什么这么没命地奔跑？”其他旅鼠回答：“不知道啊，大家都在跑，我就跟着跑了。”结果，大家都这样跳下悬崖。家长有没有想过，在这群无知的旅鼠群中也可能有我们的孩子。请家长反思一下，自己是否提前阻断了孩子选择的机会，使孩子成为像旅鼠一样毫无判断力与斗志的孩子。所以，

S代
S代
S代

当孩子达到可以设计自己未来发展方向的年龄时，家长也要学着放弃自己的控制欲望，给孩子一定的时间让他自己去制定目标。

首先要让孩子将自己喜欢或一定要实现的事情写在纸上，哪怕孩子写得再离谱，也决不可以笑话或责备孩子，要给予充分的认可。然后，问孩子为了实现自己的梦想应该如何去做。这时，目标就确定了。

目标可分为短期目标、中期目标或长期目标。让孩子分别画出大小不同的三个气球，在最小的气球中填写目前需要完成的事情（短期目标）；在中号气球里写上中间过程需完成的事情（中期目标）；在最大的气球里填写最终目标。目标要具体，而且必须文字化。此外，目标实现的时间也要具体，例如，1个月后、2个月后、6个月后、1年后或5年后……然后应思考为实现这些目标而实施的具体事项。

潘基文在学生时期在白宫受到肯尼迪接见的经历，是他最终成为联合国秘书长的原动力，这种直接的激励将会成为帮助孩子实现目标的积极能量。曾经有位妈妈想尽办法安排女儿与广播电台总监见面，因为女儿的梦想就是长大成为广播电台总监；还有位妈妈经常带孩子去孩子向往的大学校园游玩。这种提前近距离接触梦想的方式，对孩子来说是非常好的激励方式。

不仅如此，我们也有办法为那些没有梦想的孩子种植梦想。经济教育栏目中有一个叫“全球经济露营”的项目，参加这项活动的几个孩子去了中国上海，在那里编织了成为创业者的梦想。他们望着世界顶级企业汇聚在一起的办公楼群，幻想着未来成为全球的经济领头人。这些孩

子为了实现梦想，为了能去中国留学而疯狂地学习汉语，看着孩子身上发生的巨大变化，我才明白不能让孩子自己孤单地为梦想而奋斗，更不能过多地干涉孩子。而要退后一步，为孩子提供各种体验的机会，并鼓励孩子为自己的梦想而不懈奋斗！这样的父母才能将孩子培养成未来真正的全球领袖人物。

04 幸福富翁必须懂得分享与经济伦理

最近世界富豪们都在谈论哪些话题呢？那就是谁“捐赠了多少”。比尔·盖茨与沃伦·巴菲特发起“捐赠誓言”活动，联合亿万富翁为慈善事业捐出50%的财产。说服别人捐出一半财产，乍看属于根本不可能实现的事情，实际上有很多知名人士积极参与了这项活动。

其实，教孩子如何赚钱当然非常重要，但是教孩子如何有意义地捐赠，也是家长应做的一项重要工作。理财教育的根本目的在于，让孩子懂得持续协调与发展“日常生活所需财物的生产、充满智慧的分配与明智的消费”。开展经济活动若过度偏重于某一方面，微观上会因为个人价值观与道德观的瓦解而招来不幸；宏观上则会打乱国家的所得均衡，阻碍经济的发展。国家的经济发展一旦受到阻碍，必定会影响个人的生产活动，人们则无法创造自己预想中的财富。

若希望孩子懂得有意义地捐赠，就要掌握“效率与均衡”的经济行为。只有掌握了均衡协调收支的分享型经济模式，孩子才能成为幸福的富翁。决不能为了培养孩子的经济独立性，而将孩子变成守财奴！让孩子明白捐赠这种理财行为的真正意义，教会孩子快乐而有意义的花钱吧！

但东方人迄今为止还不习惯将自己的财产送给他人，因为我们的经济活动还是着重于单纯的金钱与利益经济。有些儿童经济教育学者建议人们捐出10%以上的财产，以致很多人对捐赠都具有一定的心理压力。目前，韩国的捐赠率在不及收益1%的情况下，竟要求人家捐赠10%，完全是一种非常不切实际的提议。所以必须为孩子安排短期培训，以便让孩子熟悉分享型理财模式。

首先，要让孩子理解税金的相关知识。孩子在使用复利式整存整取存折或黄金存折时，会对税金的概念产生疑问。例如，“这是我自己努力攒下来的钱，为什么要收走？”“我交的钱会到哪里去呢？”所以一定要向孩子讲清楚税金的用途，如果孩子明白税金是用于社会公共事业、福利、维持与管理国家时，孩子就会抱着自豪感捐出一部分财产。然后再为孩子讲解更广意的分享型理财。

让孩子通过媒体或捐赠团体，了解“世界是与别人一起分享”的意义。千万不能命令式地对孩子说“我们也帮帮他们吧，你也捐出一点儿钱吧！”之类的话，而要询问孩子，让孩子主动表态，并由他自己决定捐款金额。只有这样，孩子的心里才会觉得有成就感，感觉是自己主动帮助了别人，而并非受他人强迫。

★捐出不变的自我价值与才能

奉献出自己独特的才能，与他人分享，这也是捐赠的方式之一。现在，很多人都在关注才能捐赠，除了通过音乐会或免费公益广告捐赠才能的著名演艺人员之外，还有很多人利用自己所学的专业，积极参与到才能捐赠的活动之中。有的人为盲人朗读或引路，有的大学教授或研究员在地方免费讲课，也有教低收入阶层的儿童画画或音乐的大学生，去敬老院为老人烹调食物或提供免费照遗像服务等。虽然对个人来说，这些都是不必花费金钱成本的才能付出，但帮助他人的爱心却是无法用金钱衡量的。这些行为实现了将爱心与他人分享的捐赠的真正价值。

孩子可以实践的才能捐赠方式多种多样，可以为同一个社区的小学生进行辅导，也可以陪他们做游戏。通常，小学五年级的孩子可以在社区自习室里教小学二三年级的孩子，而有时他自己也会成为获得才能捐赠的人。最近，很多独生子女都因为这样的才能捐赠，而留下了特别的回忆。这种捐赠与一般的捐款相比更有意义，孩子在了解捐赠的真正价值的同时，也认识到了自己的人生价值。

一个人的真正价值不在于“拥有多少财产”，而在于“我的存在有多么重要”。真正幸福的富翁懂得如何将自己变成社会的重要存在，这种教孩子认清并提升自我价值的理财教育，就是才能捐赠。

05

仅仅拥有消费者的眼光，还远远不够

“老师，怎样才算是明智的消费呢？”

我正在演讲时，有个孩子这样问我。这个小学四年级的孩子说，学校的社会课正在教“明智的消费生活与城市”内容。我听了孩子的提问后稍微犹豫了一下，考虑是否应该按照教科书的内容回答，思考后我这样回答孩子：“若想进行明智的消费，就要改变站在消费者的立场上思考问题的习惯！”

也许对一个小孩子来说，我的回答有些难以理解，但我认为应该告诉孩子，抛开教科书层面的最基本的企业营销原则。孩子听了我的回答后疑惑不解，为此我补充了如下说明。

人人都想成为精明的消费者，消费行为中也存在一定的竞争心理，

对消费者来说，当自己买的东西比别人更合算时，会觉得非常幸福。一整天逛来逛去，仔细分析价格，再查看性能，终于找到了自己中意的物品时，每个人都会开心得不得了，直呼“真是太走运了”！可以说，明智的消费是提升个人自豪感的重要因素。

为了让孩子拥有明智的经济生活，需要事先为孩子进行消费者教育。为了进行明智的消费，要对孩子详细说明消费者应具备的姿态。例如，事先制定采购目录与优先顺序，要横向比较物品，不要被售货员的言语所迷惑等。只有拥有了正确的消费者姿态，才能做出明智的判断。正确的消费者姿态引导正确的消费，而为了练就正确的消费者姿态，要掌握促使我们消费的生产者思维，才能做出正确的判断。

为了成为明智的消费者，要抛开以消费者为主的视角，而拥有销售者的眼光。孩子也要从小培养以生产者眼光审视世界的习惯。从消费者的角度来看，当然是节约为先，但作为销售者，为了创造更多的收益，则需要不断地研究如何才能刺激人们更大的购买欲望。家长应该教孩子学会站在销售者的立场上进行思考，了解市场营销，学习更合理的消费。

让孩子练就具有生产者眼光的最好的方法，就是让孩子自己赚钱。孩子只要自己亲身赚过钱，自然就会具备销售者的眼光。只是孩子的年纪太小时，尝试赚钱的经历就没那么简单。这时，可以利用玩过家家或卖东西的游戏，通过游戏，诱导孩子站在销售者的立场去思考问题。例如，应该如何布置货品（资源），如何才能吸引顾客等。

平时去大型超市或百货商店时，也可以为孩子分析销售者的广告营

销策略，经过这样的学习过程后，孩子就不容易被销售者的销售策略所左右，可以进行合理且精明的消费了。

★百货商店里隐藏着销售者真实的愿望

去百货商店时，我们一般会乘坐扶梯，而并非电梯。因为电梯通常都安置在角落里，不容易找到；而扶梯则会处于商场中央，一眼便能看到。而且百货商店的电梯运行速度特别慢，电梯内也总是满员，所以大部分顾客都会选择乘坐扶梯。这样的话，每层楼都必然会经过，这里正好暗藏着销售者的真实愿望。

如果每位顾客买完生活必需品就马上离开，那对生产者来说绝对是很大的损失。见物生情，有些顾客只要见到商品，自然就会产生购买欲望。因此阻碍顾客视线的电梯，故意设计得既慢又不方便，让人们不想使用。那么扶梯呢？扶梯设计得视野开阔，可以环顾四周，只要看到心仪的商品，随时可以过去观看。保证消费者边走边看的扶梯，将销售者隐藏的意图赤裸裸地表现出来。

销售者的战略并没有在此打住，各种商品琳琅满目的百货商店，唯独缺少两种东西，那就是窗户与时钟。经常光顾百货商店的顾客大多是家庭主妇，天色变暗或阴郁的天气容易让她们心情焦虑。担心晾晒的衣物，担心天晚归家的丈夫与孩子……天色越暗，她们心里越着急，根本

JUST
MONEY

不可能安心购物。所以百货商店果断地除去了窗户与时钟，好让主妇们忘记时间，专心购物。

百货商店中的购物环境，连每个专柜的位置都经过精心设计。平时进入百货商店，第一眼看见的是什么柜台呢？主要是化妆品、首饰、女鞋与名品柜台。时装和女鞋等商品都是极易引起人们冲动购买欲的种类，所以通常会安排在最低楼层。而家电或家具等属于计划性消费的商品，则位于楼上。总而言之，楼层越低，布置的商品越容易引起人们的购买欲望。

其实，楼下安排容易引起购买冲动的商品是有道理的，因为商店通常也会接待下定决心“绝不冲动购买”的顾客。在一楼控制住自己购买欲望的消费者，渐渐对自己放松了要求。所以到了二楼看到其他产品，再次产生购买冲动时，会对自己说：“好，刚才化妆品都忍住没买，所以买了这件也没关系。”当作是控制了第一次购买冲动的一种奖赏，回家冷静下来后，会发现仍然是购买冲动下引起的消费。

事实上，这种接连不断产生的购买冲动，与百货商店的照明也有关系。百货商店通常会将所有电灯都打开，把室内照得透亮。人们在明亮的环境里，心情自然会变得舒畅，而百货商店正好利用了这种心理，希望能长时间地留住顾客进行消费。此外，百货商店宽广的通道也是为了使顾客的心里更舒适。可见百货商店所有的设计，都隐藏着促使消费者打开钱包的生产者的意图。

去百货商店时，可以为孩子讲解一些生产者的意图，让孩子以新视

角观察百货商店。开始，孩子不懂得百货商店里暗藏着生产者销售战略，只会想着自己的需求。而回到家后，则要学会站在销售者的立场思考问题，渐渐地培养自己的自制力。站在生产者的立场学习理财，才是明智消费者应当具备的姿态。

★查看一下大型超市的货架吧

“哎呀，你是在哪儿找到这种玩具的？真厉害啊！”

去大型超市最让人头痛的事情，就是孩子闹着要买东西。不过，孩子怎么那么容易找到那些玩具呢？有些商品会放在父母看不到，但以孩子的视角却一止了然的位置，这里暗藏着另一个销售战略。

生产者考虑到孩子的身高，将孩子喜欢的东西摆放在低一点儿的地方。所以虽然父母看不到而容易错过，但孩子却能马上就找到。相反，专为成年人准备的东西或孩子容易碰碎的商品都摆在高处。此外，没有太大利润空间的低价商品或生活必需品，通常摆在下面或上面的货架上。新商品或战略商品通常要放在顾客轻易就能发现，而且最容易拿到的位置，只有这样才能提高销售额。

此外，摆放商品时也要将相关商品布置在一起。例如，洗涤剂旁边会看到胶皮手套，而咖啡旁边则摆着方糖，挂面的周围能找到食用油等。因为购买其中一种商品的人，很有可能会连带购买另外一种商品。

如此，所有的消费场所都是从方便消费者购买的立场出发而设计的。例如，超市将冷冻食品设在移动线路的最后，就是同样的道理。选购了冷冻食品的消费者，通常都要急着离开卖场，所以冷冻柜台一般设在购物即将结束的位置。其实，如果说我们是按照销售者的安排进行购物，也并不为过。促销活动正是销售者为勾起人们消费心理而设计的。

大型超市经常会搞促销活动，如 1+1 活动（购物满多少即送赠品）与限时折扣等活动。对消费者来说，用低价买到了可心的商品，当然值得高兴。但仔细一想，其实销售者也没吃亏。大型超市从经营特点上允许进行大批量买卖，以低价进货，再通过各种促销手段吸引更多的顾客购买，以创下几倍的收益。

将这种销售者的意图仔细分析给孩子听时，孩子哭闹着要东西的习惯就会渐渐改变，因为他自己也会努力站在销售者的立场上思考问题。尤其在学前儿童学习加减法时，超市是一个非常好的学习场所。把钱直接交给孩子，让他自己计算价钱，这样孩子也会渐渐产生学习的欲望。其实，我们小时候不也是在小店铺买东西的过程中学习算术的吗？父母需要多研究一下，应该怎样在实际生活中教授孩子理智消费的方法。

“这里是这么摆放的，如果是你会怎么办？”当妈妈这么问孩子时，孩子的注意力马上就会被转移，和妈妈开始玩新的游戏，而无暇顾及要买的新东西了。这就是理财教育的另一个效果——人性教育。从小开始已习惯用销售者眼光看世界的孩子，成年后对待世界的方式也会

不同。因为他已经练就了一双慧眼，轻松地就能发掘销售者四处隐藏的引发顾客超额消费的陷阱。因此，不要只局限于对孩子进行消费者教育，同时也要进行销售者教育，这样才能培养孩子学会用多种视角看世界。

06

培养理财习惯的十大指南

下面介绍的10项可作为家庭理财教育提供帮助的行为指南，都是通过父母小小的实践改变孩子经济观的内容，请一定要记住。

1. 理财教育就是生活教育

通常提起教育，人们就会想起以“需求-供给法则”及“无形手”等基础知识为中心的学习方法。但要记住，理财教育并非只是单纯地掌握知识，它是一边学习现实生活中发生的各种经济活动，一边与社会持续交流的生活教育。

2. 帮助孩子成为自己人生的主体

让孩子从小事开始练习自己做出判断与决定，哪怕孩子做出的决定

未令父母满意，也应该引导孩子下次做出更明智的判断，千万不能单方面地做出决定，并强迫孩子服从。

3. 体验尊重孩子经验的构成主义教育

所有的孩子都拥有不同的经验。当孩子做出决定时，孩子的经验比父母的经验更重要。要让孩子站在自己的立场上，做出具有前瞻性的选择与决定。家长不要奢望孩子会理所应当地理解与接受成人观念。

4. 让孩子明白所有的选择都需要投入

孩子应该知道所有的选择与经济活动都需要投入。应该明白选择本身需要付出代价，而放弃也同样需要付出代价。此外，要引导孩子做出选择时，应付出自己的努力与价值。只有付出自己的努力与价值，孩子才会对自己所做的选择感到满足，同时也为自己合理的选择感到自信。

5. 诱导孩子进行有规划且有管理的经济活动

训练孩子，做任何事情都要事先做好计划，并且认真执行实施。但这不代表要进行庞大且复杂的计划，可以从购物计划、一天计划或作业计划等简单的事情开始，培养孩子做计划并予以实践的习惯。

6. 父母要成为孩子的榜样

千万不要进行“螃蟹式教育”，要求孩子走路笔直，而自己却横着走路。父母要对经济生活充满自信与肯定，成为孩子的学习榜样。尤其不要忘记，上幼儿园或小学的孩子在家中学到的东西远比在幼儿园与学校多。千万不要说孩子“这是像谁啊？”之类的话，因为那些行为都是从父母身上学到的。

7. 站在孩子的立场上，要以事实为依据进行谈话

家长要放弃旧时代的思维方式，不要强求孩子无条件地遵从父母的意见。最近教育学者都说“7 岁就进入青春期了”，要与孩子平等对话，利用孩子的观点去说服他，以达到相互理解。请记住，父母强制性地命令与孩子耍脾气并没有本质的不同。

8. 练习通过文字来表达自己的观点

对于比较重要的事情，训练孩子写出文字或用正式语言表达。与其仅仅用脑子进行思考，不如用语言或文字将思考内容具体化，这样才有助于培养孩子的领导能力，学会做出慎重且逻辑性的判断。

9. 不要一次教孩子太多东西，让孩子一样一样体验

不要奢望一次教孩子太多东西。父母若只是通过间接经验教育孩子，可能会招来孩子的反抗心理。现在就为孩子创造体验机会，让孩子去银

行开办存折吧！孩子将会非常感兴趣，在培养判断力、自立性和领导能力方面，没有比直接体验更好的方式了。间接体验只是一种对策，并非最佳方案。

10. 利用持续的小成功，创造获得大成功的良性循环结构

孩子每一天都充满了连续不断的新挑战与不安感。要在生活中持续促成小成功，而且要对孩子的成功多予以肯定，孩子才会变得自信，才会勇于面对更大的挑战。面对孩子的成功，要持续给予积极的反馈，让孩子更自信；面对失败则要多鼓励孩子，与孩子一起分析并总结经验。这将成为孩子获得巨大成功的基石。

针对不同年龄的孩子，安排适合的理财教育必修内容

下面整理出不同年龄段的孩子需要掌握的理财概念。与其盲目地让孩子背诵理财术语，不如培养孩子良好的理财习惯，使其理解与其年龄相符的内容。

年龄	理财教育必修内容	实施方法
5 岁	· 明白受欢迎的玩具不能独自占有（稀少性） · 需要在硬币与纸币间做出选择时，选择纸币（区分货币）	· 角色剧、情景剧、提问
6 岁	· 能够按大小顺序排列百元、伍拾元、拾元和伍元等纸币（判断货币价值） · 明白爸爸和妈妈是通过努力工作赚钱的（收入） · 能够去超市买东西（交换）	· 角色剧、情景剧、购物体验、提问
7 岁	· 给孩子钱让他去超市买冰激凌，再找回余额（交易） · 让孩子说出家庭生活中需要的 5 种以上花销（消费与收入） · 拥有小猪存钱罐（储蓄）	· 角色剧、情景剧、购物体验、提问
8 岁 （一年级）	· 拥有以孩子名义开设的存折（银行与金融） · 能说出爸爸和妈妈工作单位的名称与所从事的事业（职业与发展方向） · 能够拿着购物明细自己去购物（交换与交易）	· 去银行亲身体验、提问、实践学习
9 岁 （二年级）	· 拿到收据后，会清点查看（管理与确认） · 能够去银行开办存折，进行储蓄（银行与金融） · 向志愿团体或宗教团体捐款次数超过三次（捐赠） · 曾用自己攒的钱为父母买礼物（计划与沟通）	· 实践学习、现场体验 · 比较购物货品与发票内容
10 岁 （三年级）	· 记录零花钱账簿或收据管理簿（计划与零花钱） · 读过两本以上儿童经济类的书籍（经济知识与主导性） · 曾自己攒钱购买想要的东西（目标与计划） · 能通过分类收集的方法处理不再使用的东西（节约与分类）	· 实践学习、提问 · 收据管理簿、计划书

续表

年龄	理财教育必修内容	实施方法
11 岁（四年级）	·能够具体描述自己的未来梦想（发展方向与职业） ·曾参加过两次以上经济培训或经济活动，以及参观博物馆（经济知识、协同作用与赋予动机） ·向家长“解释”过零花钱不足的理由，并请求“再加一点儿”（管理与协商） ·学会使用 ATM 机取款（金融与生活）	·实践学习、提问 ·梦想、说明
12 岁（五年级）	·拥有一次以上卖货的经验（生产与所得） ·借钱给家人与朋友后，收过“利息”（金融与利息） ·为自己和家人策划并实施过生日派对（计划、管理与实践） ·买东西时，曾有两次以上讲过价（协商）	·实践学习 ·跳蚤市场、利用网络
13 岁（六年级）	·为了以防万一，单独保存“备用金”（保险） ·会计算自己存折上的利息收益与利率（金融与利息） ·能够计算出为自己投入的总金额（计划与管理） ·曾接受过发展方向能力倾向测验（个性）	·实践学习 ·比较存折、咨询银行
14 岁（初一）	·能够进行 3 分钟的自我介绍（发展方向与能力倾向） ·每天与家人保持 30 分钟以上的谈话（沟通与人性） ·能够理解并确认发票的附加税（税金）	·实践学习、提问 ·录像
15 岁（初二）	·有定期资助或捐赠的团体（捐赠与志愿服务） ·计划性地控制通讯和网络费用（计划与生活） ·系统地管理自己的体验与经验（发展方向与经历管理）	·实践学习 ·消费、在家中收集资料
16 岁（初三）	·同时进行两种以上理财活动，如储蓄、保险、股票、基金或黄金等（理财活动与金融） ·拥有明确的榜样（发展方向与梦想） ·能够说出 25 种以上的职业（职业与发展方向）	·实践学习 ·银行咨询、设立存折

可获得理财教育信息并参与活动的网址

·www.elisindex.com: 可免费查看 ELIS 指数及与理财教育相关的内容。
·儿童亮点研究所 www.ivitt.com: 韩国代表性的理财教育机构。
·加油学校 www.ajaschool.com: 体验教育入门（经济、历史、科学、语文和英语等）。
·青少年金融教育协议会 www.fq.or.kr: 开展设立理财教室与派遣讲师等项目。
·韩国银行 www.bokeducation.or.kr: 由韩国银行经营的理财教育网站。
·点击经济教育 click.kdi.or.kr: 由 KDI 经营的初高中理财教育网站。
·经济教育协会 econoedu.or.kr: 由经济教育协会经营的青少年理财教育网站。
·JA 韩国 www.jakorea.or.kr: JA 韩国分部。

第六章
和孩子一起学理财

存折 和孩子一起学理财

若想掌握知识，就要努力学习；若想获得智慧，就要勤于观察。本书的前五章一直努力让孩子领会理财智慧，在这一章，我们要一起学习理财知识。只有知识与智慧相结合，才能发挥最佳效果。所以参加经济活动的同时，还要让孩子积累理财知识。

白俄罗斯教育家维果斯基（Lev Semenovich Vygotsky）曾经这样说过："生活的每个瞬间都是教育的瞬间，父母的行为将会给孩子带来最大的影响。不要认为与孩子谈话或指导才是在教育孩子，父母以何种方式表达自己的喜悦与不快、如何对待朋友与仇人、怎么笑，以及读什么书……都会对孩子的教育具有非凡的意义。"

也就是说，不要忘记，身为父母在每个瞬间都是孩子的老师。只有父母先懂得经济，才能自然地传递给孩子。本章的经济术语也许对大人来说非常容易理解，但要用浅显易懂的语言解释清楚也会有一定的难度。请记住，即使大人认为再简单不过的概念，也要对孩子有耐心并且用简单易懂的语言进行讲解。

01

毕加索的画为什么那么贵?

“那幅奇怪的画为什么那么贵呢?”

对艺术作品稍微关心的孩子,偶尔会抛出这样的疑问。而且两位同样著名的画家,其作品价格却不一样,这些都会让孩子感到非常困惑。所谓更有价值,是什么意思呢?对于不懂价格形成基本原则的孩子来说,这一切实在太奇怪了!其实,这都是因为孩子尚不懂得“稀缺性”的缘故。如果家长仅以“稀缺性”作为解释,孩子就更糊涂了。所以完全有必要采用简单易懂的方法,为孩子说明稀缺物品的价值。

“真是忙死了!”“为什么钱总是不够花?”“一件像样的衣服都没有!”在日常生活中,人们经常为自己缺少的东西而感到苦恼。我们可以从这些生活的对话中发现稀缺性的法则。如果直接讲解“稀缺性”这个经济术语,也许很难解释清楚。但如果用“不够”“很想要,却没有”

以及“缺乏”等词汇来代替，孩子就会明白了。

例如，家中有三个兄弟，而冰箱里只有一个冰激凌，那这个冰激凌就是稀缺的物品。三个人谁都想吃，但只有一个人能吃到，这就是稀缺性的特征。和朋友一起煮方便面吃，比自己在家一个人煮着吃香，这到底是为什么呢？这也是稀缺性的缘故。大家一起吃，总觉得自己不够吃，就想多吃一口，吃起来也就觉得更香。

正因为有这样的稀缺性原则，为了最大化满足人类需求的经济问题就闪亮登场了。古时候，生活在地球上的人并不多，因此所有人都可以尽情地享用土地与水等必要的资源。但后来随着人口数量的增加，生活需求变得越来越复杂和多样化，而资源却越来越缺乏。以至人们开始思考“怎样利用有限的稀缺资源，生产更多的东西，让所有人都能心满意足地生活”。最终，人们决定各自寻找最有效的方法，有效地利用资源。于是，我们的周围形成了一系列的经济活动，经济矛盾也就随之产生了。

小贴士

与孩子一起学习稀缺性原则

· 现在有7块糖，共有3个小朋友想吃糖，这时糖是稀缺性物品吗？
· 现在只有1瓶饮料，而有3个小朋友想喝饮料，这时饮料是稀缺性物品吗？
· 我们要如何解决物品稀缺的情况呢？
· 家中最稀缺的物品是什么？
· 我们平日经常说的话语中，举出5句以上表示“稀缺性”的句子。

稀缺性也会带来收入的不均衡。如律师和医生等行业收入颇丰，这些职业都需要通过资格考试才能上岗，而资格考试很难通过，所以从事相应职业的人数不多，渐渐形成只有受过专业教育课程与通过特定考试的人，才能从事的稀缺性职业。

不过有一点需要提醒孩子，稀缺性的关键在于需要的人多，而物品却很少。就算东西或服务再珍贵，若没人想要又有什么用呢？那样的物品不是稀缺，而是没用。没有人有这方面的需求，其价值是得不到认可的。例如，最近很难找到黑白电视机或 286 计算机等，但并不能说它们稀缺，因为没有人想再使用它们。因此，千万不要混淆了稀缺性与不必要性。

在我们的生活中，最能体现稀缺性原则的例子就是“白菜价格波动”事件。作为韩国的传统菜肴，韩国人离不开辣白菜，而白菜却供应不足，菜价当然要上涨了。政府为了控制物价，阻止价格疯狂上涨，就从中国进口了大量白菜。随之，失去稀缺性的白菜价格渐渐回落，加上为等待价格上涨才出售的白菜也被商家投放到市场中，白菜的价格终于恢复稳定。由此可见，稀缺性原则可以控制物价，影响着销售者的收益。

与此类似的还有一些著名品牌，它们虽然没有价格变动，但也同样是利用稀缺性的技巧。生产厂家故意限量生产，突出其稀缺性，以引起人们的特权意识，维持高端价格。毕加索与梵高等著名画家的艺术品之所以价格昂贵，不仅因为作品获得世人的高度评价，更因为再也没有相同作品问世了。大多数艺术作品在作者去世的同时，价格也会大幅提升，正是因为作品具备了再无第二的特性。

我们要清楚，我们周围的高价商品都是根据稀缺性原则被推广，并获得了价值上的认可。

小贴士

与孩子一起熟悉稀缺性

· 我们生活中哪些是稀缺的物品呢？
· 在我们的生活中，哪些是数量少却并不属于稀缺性的物品呢？
· 因为从业人员缺少而受人瞩目的职业有哪些？

02

游乐园与剧院都想去，如何选择？

小孩子面临非常简单的选择时也会特别矛盾。想买新上市的数码产品；想吃好吃的东西；该去培训学校了，又想和朋友玩；没完没了地犹豫着做这个还是那个呢，想做的事情又层出不穷。有时因为没有钱，有时因为没有时间，有时又因为该做的而没有做而内疚……每个瞬间都要面对大大小小的选择，甚至有时对自己为什么一定要做出选择，孩子都会感到苦恼。

我们之所以要做出选择，是因为拥有的资源（金钱、物品、时间和能力等）不够充裕。所以无论愿不愿意，有没有认识到，我们总要不断地去选择。选择，其实也意味着同时要放弃未被选择的那一个。也就是说，需要放弃另外的机会。于是就发生了相对失去的成本，这就是人们通常所说的“机会成本”，而所有的选择都会产生机会成本。

不过，真正重要的是选择的要比放弃的更有价值，即个人要满足自己的选择，这意味着机会成本不得高于选择。也就是说，要做出明智且合理的选择，不会对自己放弃的另一个机会心存留恋。只有这样，才能培养出进一步发展的思考能力与预见能力。所以家长要多为孩子创造培养判断能力的机会，以便孩子能够做出更合理的选择。

因此，哪怕需要一定的考虑时间，家长也要给孩子自己做出选择的机会。不要武断地对孩子说“都快考试了，看什么电影，快点儿学习！”“买饼干做什么？家里都有”“这个就别买了，开学了还要买笔记本呢！”这类的话，而应当安静地等待孩子自己做出选择。通过多次选择积累的经验，孩子会逐渐明白失去的机会成本，终将懂得怎样做才是明智的选择。当孩子认识到机会成本与合理选择的意义后，自然会明白自己现在为什么要努力学习了。

小贴士

与孩子一起学习选择的机会成本

· 谈谈最近 3 次的选择，以及因选择而引起的机会成本。

· 说出 3 种以上事后令自己后悔的选择。

· 许多物品都是经过选择后来到家中的，选出 5 种产品并写出相应的机会成本。

因此，教孩子做出合理选择并认识机会成本之前，先要让孩子懂得“必需”与“欲望”的区别。生活中不可缺少的物品就属于“必需”，而仅仅是“我”想得到的就是“欲望”。不要被欲望所左右，要从生活中的“必需”这一角度做出判断，这样做出的选择合理性才会较高。

小贴士

和孩子一起区分“必需”与“欲望”

区分一下必需与欲望的概念吧！请判断下面的物品是必需，还是欲望呢？

· 生字簿用完了，明天上课要用，再买一个吧。

· 周末骑自行车去公园玩，遇见一个朋友。他的自行车好漂亮，车轮旋转时一闪一闪的，我也想要一辆那样的自行车。

· 新学期开始了，同桌的新书包又漂亮又新潮，虽然我的书包买的时间不长，但我还是想要一个新的。

· 放学后，和同学一起踢了一会儿足球才回家，肚子好饿，好想吃火腿。

· 昨晚 10 十点上床，一直睡到早上 7 点才起床，可是还想睡觉。

· 这次我们班去参观博物馆，老师要求每人带一支能挂在脖子上的油性笔。我没有，想买一支。

03 钱币上的图案

经济活动最基础的环节就是物物交换。在货币通用之前，人们都是通过物品与物品的交换来维持日常生活的。例如，猎人用自己的猎物与善于耕种的农夫进行交换，来换取粮食。为了让孩子理解货币的概念，可以再现物物交换过程，作为一种直观的经济教育方式。例如，将油笔、糖果、漫画书、橡皮和项链等各种物品分发给大家后，让他们互相交换。孩子自然会明白仅利用自己手里的东西，很难一次性换到自己想要的东西。因为也许“我”会满意对方的东西，但对方不见得中意“我”手里的东西，交换当然进行不下去了。

通过这种物物交换的过程，孩子会渐渐明白用一种物品去交换另一种物品有多困难。所以感觉到有必要制定一定的标准，来测定物品的价值。随之，“钱”就诞生了。

百货公司
韩国银行
BANK
社区银行
YOUR BANK
DONALD
ICE CREAM

当我们这样对孩子说明“钱”的意义，即货币诞生的过程时，孩子很快就会明白了。家长可以告诉孩子，所谓货币，就是因为物物交换过于复杂，过程中存在很多困难，所以大家统一采用它来买东西的约定。孩子对物物交换的艰难深有同感，很容易就能理解货币是社会约定的原因。

如何才能让孩子与货币亲近起来呢？首先，要去银行换些新币，然后用放大镜仔细观察钱币，找出货币中的一个又一个秘密。和孩子一起玩“图中找图”的游戏，孩子也会非常感兴趣，渐渐会对钱亲近起来。

“钱究竟长什么样呢？”这也是一项有益的观察。将不同面值的货币摆放在一起，熟悉一下不同的面孔吧！图案、颜色、大小、数字及水印等，钱币也与人一样，拥有各自不同的面孔。利用钱币的这些特征教育孩子，效果更好。钱币上的伟人和文化含义，对孩子来说也是一次很好的学习历史机会。

再提高一个层次，思考一下“钱币的一生”吧！“在银行里刚‘出生’的钱币们开始了四处游逛，其中有 1 张 1 万韩元的钱币坐着运钞车来到了我们社区的银行，在金库中住了下来。过了一段时间，某个早晨它被送进了现金提款机。正好那天，妈妈要给你零花钱，所以去提款机提了款。它终于来到了外面的世界，进入妈妈的钱包里，当晚就到了你的身边！看到你欢天喜地地迎接它，它真的好感动，很想久久地陪伴在你身边，可没想到第二天就分手了。原来，你去培训学校的路上，在快餐店里买了汉堡，把它交给了店员姐姐。”

如此将钱拟人化，编成故事讲给孩子听，孩子会觉得非常有意思。

而且以后每次花钱时，孩子就会想起这个故事，提醒他再次考虑此时的支出是否有必要，慢慢地会养成良好的消费习惯。

小贴士

和孩子一起亲近钱币

- 如果是幼儿，可以用真钱玩交换游戏，使它成为自己的钱。
- 孩子上小学低年级时，让其写出 30 种可以用钱办到的事情。
- 孩子上小学高年级时，让其写出“钱的一生”。
- 找出各种纸币中隐藏的防伪标志，找到的越多越好。
- 了解各种纸币上的图案。
- 用放大镜查看一下，在各种纸币中肉眼看不清楚的小字到底是什么内容。

04

为什么电影院里卖的可乐比超市贵?

人们想买某种东西或想获得某项服务的欲望，叫作需求。物品或服务的价格越便宜，买的人就越多；而价格越贵，买的人就会减少。表示这种趋势的曲线就是需求曲线。与之相反，制作货品出售的行为叫供给。作为供给者，东西售价越高，就越想生产更多；而售价下降，当然也就没有强烈的生产欲望了。若将这种现象用图表示，就能获得供给曲线。

这种需求曲线与供给曲线相交的一点，即为价格。即需求者想要购买的价格与供给者欲售出的价格一致的那一点，就会形成最终价格。

在所有的交换中，价格都会成为基准。市场价格是需求量与供给量的交点，因此普遍受到大家的认可。因为价格是在需求者与供给者的要求获得满足的前提下，又考虑到了双方的利益，所以也符合衡平性逻辑。

但商家出于利润最大化考虑时，并非所有价格都符合衡平性原则，

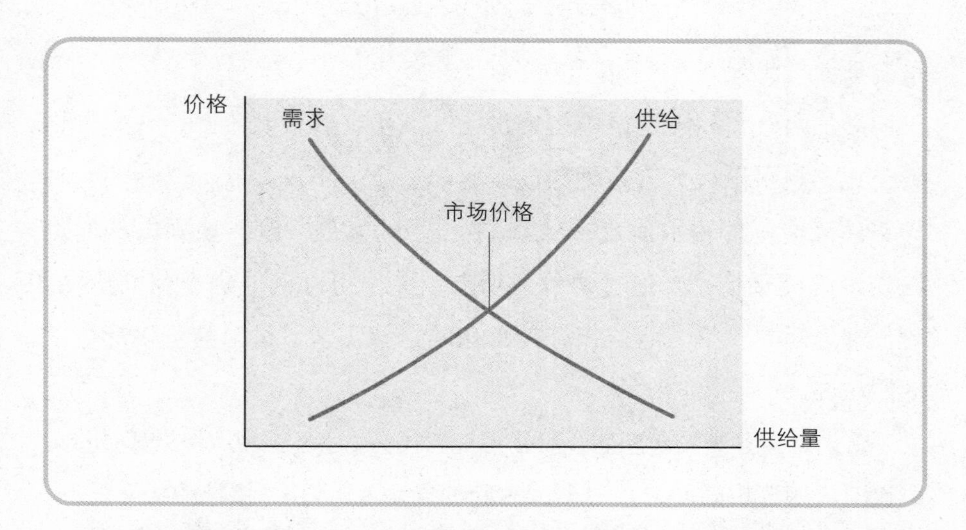

我们经常看到的产品“建议零售价”就是如此。“建议零售价”是生产者提议的，由生产者单方面制定的价格，并未全面考虑消费者的权益，所以并不一定公平。因此市场中均采用价格开放制度，由最终销售者来决定商品价格。

不过，价格开放制度也有一个盲点，那就是需求与供给并非平等地发挥作用，信息与决定权更多地掌握在供给者手中。如果所有信息都公开化，那么需求越多，产品价格当然随之上涨；而供给越充足，产品价格自然就会下降。但信息掌握量的不平等，偶尔会造成价格扭曲。还好，随着网络与 IT 业的不断发展，消费者具备了与生产者水平相当的信息获取能力。例如，比较价格后若觉得偏贵，可以选择其他卖场或用别的产品代替。如果很多人都有相同的购买意向，也可一起团购或进行拍卖。所以，如果说从前是由生产者单方面决定商品的价格，那现在的市场价格就是生产者与消费者力量对抗的结果。

买东西时，如果觉得价格偏贵了，消费者有权利不买；认为价格不公正，也可以大大方方地与商贩讨价还价。不仅如此，以往消费者与销售者之间的讲价制度，随着 IT 技术的发展，改头换面以新的价格变量闪亮登场了。通过讲价或协商，完全可以创造出全新的价格。我们通过日常生活，就能很好地为孩子讲解需求、供给与价格形成之间的法则。

首先，和孩子一起想想，价格便宜时出现的大量购买情况吧！例如，百货商店的打折活动、大型超市的低价政策（优惠）、市场的买一送一、美发院的购物券和免费品尝活动等，都是供给者下调价格，以吸引更多顾客的战略。但也有一些商品价格越贵卖得越好，例如名牌产品、有机产品和部分幼儿用品等。这些都是利用消费者认为“价格高的产品质量应该不错”的心理，是通过稀缺性维持价格的战略。

小贴士

和孩子一起了解“需求与供给原理”

· 一起找一找，家里有哪些可以说明需求与供给曲线的物品。

· 有哪些物品是不符合需求供给曲线的。

· 翻开杂志，从广告中挑出最贵的商品与最便宜的商品。

· 用记事贴做个价格表，贴在家里的家电产品与家具上（猜对 5 个以上，就要给孩子奖励）。

为什么坐公共汽车时，学生的票价比成年人便宜呢？难道是因为学生没有那么多的需求？这是否不符合需求与供给法则呢？

生活中，孩子应该有不少这样的疑问吧？也许你会联想到衡平性逻辑，认为这些情况是“对某些人要价高，对某些人要价低，属于区别对待”。没错，这确实是区别对待，就是所谓的“价格差别”。不仅交通费用会如此，生活中很多领域都存在价格差别。大包装饼干的价格相对低廉，是价格差别；电影院的早场票价优惠，也属于价格差别。

其实，生活中存在这种价格差别有很多原因。例如，交通费用等公共费用领域的差别，主要是出于公益原因，优待尚无收入的学生；大包装产品以低价位出售，是通过这种销售方式可以售出更大量的商品；电影院的早场票价打折，是考虑到反正都要播映电影，在观众不多的早场时段搞打折活动，能吸引更多的人观看。而每到周末价格就上涨，正好是由于相反的原因引起的价格差别。

既然谈到价格差别，那我们就以电影院为例，深入探讨一下吧！电影院里出售的可口可乐要比超市贵多了，其中的理由是什么呢？那是因为它垄断了电影院这个狭窄的空间，没有竞争。只要价格不是高得离谱，人们就会在电影院里买可乐。孩子们明智的程度，超乎我们的想象。只要理解了宏观概况，一定会自己判断并做出聪明的选择。重要的是家长要引导孩子正确认识需求、供给与价格形成之间的关系。那时，即使不极力要求孩子节约再节约，孩子也会做出明智的选择。

最近，市面上出现很多刺激孩子购买欲的高性能产品，这种层出不穷的诱惑使顾客本无心购买，却又不得不消费。在这样的消费天地里进行有节制的消费生活，并非易事，这就需要明智的判断力。因此，掌握经济发展趋势是培养明智消费者的重要环节之一。家长应帮助孩子充分了解决定价格的经济原理，做出合理的选择，培养正确的消费习惯。

小贴士

和孩子一起了解“价格差别”

· 了解一下不同年龄段的人乘坐公共汽车的票价（幼儿、儿童、青少年、成年人与老年人）。

· 找一找我们身边的价格差别，想想可以有效利用价格差别的情况，以及因为事先不知道而进行的不必要的消费（如电影院的早场票价优惠、手机家庭套餐、公共汽车的老年票、美容院男女剪发价格差别等）。

· 比较便利店、大超市、电影院与游乐场里的可乐价格，为什么价格不一样呢？

05

1 韩元与 1 美元为什么不一样？

在管理黄金存折与股票存折时，孩子经常会对汇率有疑问。例如，汇率为什么会发生变化？ 1 美元为什么不等于 1 韩元？为什么每个国家的货币名称不一样？为什么我国也需要其他国家的货币？孩子对汇率会感到特别好奇，而若想详细讲解汇率问题，则不得不涉及贸易方面的内容。

我们将购买和出售物品的过程称为做买卖或交易。通常，个人与个人之间的交易，我们称为买卖；国家与国家间的交易，叫作贸易。众所周知，韩国国土面积小，天然资源极其匮乏，因此不得不进口一些资源以保证生产，然后利用尖端的技术加工进口的资源，生产出新产品，再重新出口。

这些贸易都要通过货币才能实现，而各个国家流通的货币又多种多

样，如韩国使用韩元（₩），日本使用日元（¥），美国使用美元（$），欧洲使用欧元（€），中国使用人民币（元）等，不仅名称不一样，表示符号各异，各国货币的价值也不相同。在国际社会上通用货币时，根据不同国情，导致货币价值有差异，因此就产生了汇率。

所谓汇率，是指外国货币与本国货币进行交换时，适用的交换比率（相对于外国货币的本国货币价值），国家之间的结算或交易是根据汇率进行的。例如，韩元与美元的汇率为 1100 韩元 /1 美元时，意味着美元与韩元的交换比率为 1:1100, 即 1 美元可以换取 1100 韩元。当韩元汇率从 1100/1 美元上涨为 1200/1 美元时，说明美国货币价值在上升，而韩国货币价值在下降。这种汇率的差异变化，是随着国家的经济政策、经济水平、递减物价、工资及国际形势等情况而不断发生变化的。

若通过“旅行故事”为孩子讲解汇率，也许孩子会更容易理解。当然，若能带孩子去旅行，让他亲自体验一下，那再好不过了。但现实生活中这样的机会并不多，所以还是打开地图，先进行想象中的世界旅行吧！

可以利用以下对话内容，与孩子展开联想与讨论。例如，“我们现在要去美国旅行了，告诉我美国用什么钱呢？”“想要兑换美元，应该怎么办呢？”“肚子饿了，宝宝想买 10 美元的汉堡吃，这等于多少韩元呢？”逐渐地，孩子会完全投入想象的游戏中，通过这种联想游戏，可以与孩子自然地谈论有关汇率和世界各国货币的故事。

小贴士

和孩子一起了解汇率

·上网查一下美国、日本及英国等国家的汇率，然后从家里找出物品，按各国的汇率计算一下价格。

·从家里选出 5 种具有代表性的物品，然后按当日的汇率计算出括号内国家的货币金额（韩国、美国、日本、欧洲、印度和菲律宾）。

一开始，孩子可能会茫然地认为在外国当然要使用外国货币，但以为可以 1:1 兑换。这时如果问孩子："1000 韩元可以换多少美元呢？"大多数孩子会回答："1000 美元。"因为孩子的世界里还没有交换比率的概念，要在孩子的脑海里形成这种概念，就是理解汇率的要点。

为了让孩子更好地理解，可以举一些向各国出口的特定商品进行说明，如巧克力派。巧克力派出口全球 60 多个国家，年销售量达 20 亿个，是全球最受欢迎的食品种类。在不同的国家，巧克力派的价格如下。

一盒巧克力派的价格

韩国 2200 韩元 / 俄罗斯 60 卢布 / 中国 14 元 / 日本 516 日元

美国 3 美元 / 越南 3 万越南盾 / 澳大利亚 5 澳元

人们为什么对汇率如此敏感呢？尤其是国家与国家之间，敏感的原因究竟是什么呢？因为它涉及各国的国计民生问题。当原本 1 美元比 1000 韩元的比率升为 1200 韩元时，出口公司会欢喜得不得了，因为一下多收入了 20% 的金额。与之相反，对于进口公司来说，原本 1000 韩元可以进口的商品，一下子变成了 1200 韩元才能进口，受到的打击将非常大。

韩国经济依赖进出口的比重较大，所以对汇率特别敏感。而且，随着现代社会中国际贸易的比重不断增加，全世界都会对汇率问题倍加关注了。

小贴士

和孩子一起理解“贸易”

· 在周围随便找一件物品，看看是哪个国家生产的，为什么那个国家生产的产品，会来到我们家呢？

·“中国制造”的产品越来越多，这是为什么呢？

· 如果孩子上小学高年级，也可介绍 FTA（自由贸易协定）的相关内容。

·玩一个寻找国家的游戏。比一比谁在 15 分钟内找出更多产品生产国的游戏，以服装、化妆品、家具、家电、食品和装饰物等物品为对象。

· 如果韩国与美国、日本签订了 FAT 时，会有哪些人高兴，哪些人不高兴，为什么？

06

银行只办理存款业务吗?

银行都处理哪些业务的呢？曾经主要负责管理钱的银行，现在也开始拓展其他领域的业务了。平时去银行，里面几乎都是办理存款、汇款和缴税的人。不过最近去银行，办理信用卡、兑换货币及咨询贷款的人明显增多了。此外，还增加了出租金库和基金业务等，可见银行办理的项目越来越丰富了。也有一些银行办理产业银行和企业银行等特殊业务，还有被称为“银行的银行”——韩国银行。

第一，韩国银行与普通银行不同，它不是针对个人业务开设的，韩国银行的作用之一是发行韩国货币。韩国银行是目前韩国唯一可以发行货币的银行，所有纸币与硬币下端都印刻着“韩国银行”四个字。如果所有银行都可以发行货币，情况会怎样呢？国家的货币管理将陷入一片混乱，各个银行将任意发行货币。

市面上流通的货币过多，其价值就会相对下降，随之物价（商品或服务的价格）就会上升（通货膨胀）。加上对外经济力量下降，会引起经济领域与社会混乱。一个国家发行的货币量与国家信用度有密切的关联，所以必须由韩国银行与政府机关相互协调进行。于是，国家法律规定只能由韩国银行发行货币；其他地方或其他人制造的钱币都属于假币，不得流通使用。

第二，韩国银行与其他银行及政府机构有业务上的往来。韩国银行从不为个人提供存款或贷款，不过与其他各银行业务来往密切。就像我们去银行办理存款或贷款一样，各个银行也要去韩国银行存进剩余的钱，需要钱时去韩国银行申请贷款，所以韩国银行被称为“银行的银行”。此外，韩国银行是与政府机构有来往的“政府银行”。政府将从国民手里征收的税金存入韩国银行，需要时取出使用。另外，政府需要用钱时，也会向韩国银行贷款。

第三，韩国银行是肩负着国家经济重要任务的“中央银行”。韩国银行对国民生活的安定和国家经济的发展，发挥着非常重要的作用。与韩国银行相同，世界各国也都有扮演这种角色的银行，如日本的日本银行，中国的中国人民银行等，这些银行都被称为中央银行，而韩国的中央银行就是韩国银行。

现在，让我们来看看普通银行所负责的业务。首先，要问孩子对银行办理的业务了解多少，这样才能从适合孩子的角度出发，对银行的作用进行说明。

小贴士

和孩子一起观察银行

·拿出纸币，找一找“中国人民银行”字样。

·查一查我国都有哪些种类的银行，了解一下银行间的差异。

·从网上打印生活小区的地图，找出各银行的位置并做标记。

·收集一下银行商品介绍手册，其中付利息最高的商品是什么？为什么付最高的利息？

·和孩子一起去银行，查看一下银行都办理哪些业务。（找出5种以上，就要奖励孩子）

我们去银行办理存款时，银行不仅会替我们安全地保管钱，而且会向我们支付利息。那么，银行为什么要付给我们利息呢？既然是银行替我保管钱，不是应该由我来付保管费吗？人们存进去的那些钱，银行只是一动不动地放在金库里吗？诸多疑问让孩子感到非常困惑。其实，人们存入银行的钱，银行并非安静地保管在金库里，而是将钱投放到其他地方，以创造收益。如果仅仅是保管在金库里，银行是没办法付利息的。

那么银行将钱投到哪里去了呢？有人想买房子而钱不够，有的企业想上新项目却资金短缺，遇到这种情况怎么办呢？有很多解决方法，其中一个就是去银行借钱。这时银行会将人们储蓄的钱，转借给有需求的人，这就是人们常说的贷款。银行为人们提供贷款，是要收取一定费用

的。作为提供大笔借款的条件，银行会根据利率收取贷款利息，然后用这部分收益向存款客户支付存款利息。这就是银行存款的循环结构。

银行的贷款利率都高于存款利率。例如，向银行借 100 万韩元，要付 10 万韩元的利息，而银行会从这 10 万韩元中拿出一部分作为存款人的利息，其中的差额，用于银行员工的工资及管理银行的各项支出。如果人们不去银行储蓄银行就无法贷款给有需要的人，当然也赚不到贷款利息。所以银行为吸引更多的人去银行存款，心甘情愿地为储蓄用户提供利息。

现在，对储蓄也仔细了解一下吧！生活中因为这样或那样的理由，

很多人都办理了多个存折，只是大部分存折都属于休眠存折，而且连自己存折的利息是多少都不清楚。

父母是孩子的一面镜子，教会孩子储蓄之前，首先要完成一些事情。将家里的存折都找出来，把其中不用的存折注销掉，正在使用的存折醒目地写上利息。如果不确定利息是多少，可以马上打电话给银行，询问："某某存折利息是百分之多少？"通过以上过程重新整理对储蓄的认识。

储蓄的种类大多分为普通储蓄、整存整取和定期储蓄等。孩子攒零

花钱的存折大多为普通储蓄存折。因为随时可以取出，随时可以存进去。但因为无法确定存钱用户何时会将存款取出，所以银行很难转借给他人，因此普通储蓄的利息较低。

所谓整存整取，是储户在存款时约定存期，一次或按期分次存入本金，整笔或分期、分次支取本金或利息的一种储蓄方式。这样积攒下来的钱，在规定期限内是不得取出的。整存整取要求储户每月都要存进一定数额，而且达到目标前不得取出，所以利息相比普通储蓄要高。当孩子为某个目标而攒钱时，可以利用整存整取存折。

定期储蓄是为手里握有大笔钱款，一时又无用途的客户设置的，将钱存入银行一定时间的储蓄。例如，公司发了年终奖或节日奖金，以及整存整取到期后没有合适的投资项目的储户，大多会选择这种储蓄方法。对银行来说，一下进入一笔大钱，而且长期不会取走，可以放心地将钱转借给他人，所以利息当然要比普通储蓄高了。

小贴士

和孩子一起查看存折

·将家里所有的存折都拿出来，了解一下储蓄的种类与利率。

·去银行或登录网上银行，了解一下该银行推出的储蓄产品的种类。

·拿出家里的信用卡，父母与孩子确认一下有哪些吸引点，有哪些优惠政策，年费、分期付款服务和现金服务的手续费是多少。

07

我们住的房子不属于自己吗?

通过大人之间的谈话或新闻报道，孩子也经常能接触到关于不动产的话题。在听到一些不动产价格、房价涨跌、不动产投机或诈骗等内容时，孩子有时会对不动产产生负面的观点，所以有必要准确告诉孩子不动产的含义。

不动产代表不动的财产，一般指建筑物和地皮等。各处建筑物与地皮都是有主人的。例如，我们正住着的这套房子，虽然是我们生活的家，但从不动产的概念去分析时，真正的房屋所有权不一定属于我们。有可能是我们花钱购买的，属于我们家的房子，也有可能是租赁一定时间的租赁房屋。有必要向孩子解释，我们是否拥有现住房屋的不动产的所有权。

家长为孩子讲解这些内容可能会有些尴尬，但经济应当是透明的，

如实告诉孩子，并不会影响家长在孩子心目中的地位，而且可以校正孩子看待经济的扭曲视角。而且有必要对孩子说明，并不只是自己拥有所有权的房子才是最好的。可以举一些实例说明理由，例如房价可能会跌落，房价涨得过高而要等待房价下调，将买房子的钱投资到其他地方……如果孩子理解了这些情况，长大后也能灵活地面对经济生活。

除此之外，如果能向孩子讲解不动产价格变动的原因，那就更锦上添花了。不动产同样会根据需求与供给量发生价格波动。人们都想居住的区域，房价自然会高；相反，房价当然会便宜。在一些交通便利、居住环境适宜、生活便利或有重点学校的区域等，根据区域的不同特性，不动产的价格也各不相同。结合这些因素，可以和孩子谈谈哪里是“人们普遍都想居住的区域”。如果问孩子想在哪里生活，以及其中的理由，也可以全面地了解孩子对不动产的观点与想法。

小贴士

和孩子一起谈论不动产

· 我们家的房子属于何种不动产形态呢（独栋住宅、公寓、多户型住房、商住两用房等）？

· 我们家房子的主人是谁？

· 询问孩子长大后想在哪个地区生活，为什么想在那里生活？

不动产和黄金、古董一样，都属于实体，所以被称为实物资产或非金融资产。包括不动产在内的这些实物资产，只有价格会根据买卖双方而发生变动，其外形或数量不容易发生变化或消失。而且世界上也不会存在两个一模一样的不动产。因而不动产的需求总是大于供给，所以价格上涨的趋式很难改变。

通过不动产获得收益的方法有两种。第一，购置不动产再高价转卖，获取差额。第二，将购置的不动产租赁给他人，获取租赁费用。购买又出售不动产，叫作买卖。将不动产交由他人居住并收取费用，叫作租赁。从他人处借用不动产并支付费用，叫作租借。在不动产买卖中，还可将一个不动产分成几部分出售，叫作分开出让。

孩子可能不懂得租赁费的概念，不过在生活中很多东西的价格都反映了租赁费。有机会可利用收费停车场向孩子解释市内停车场与郊区停车场收费标准差异的原因，孩子马上就会了解那是因为不动产价格有差异。通常，人们聚集的地方不动产价格高，租赁费当然要比其他区域高。也正因为如此，销售者会要求消费者支付更多的费用。

那么在同一个区域，为什么根据不同位置与条件，不动产的价格又会不同呢？例如，公寓虽然面积相同，却因房屋朝向、层数或位置不同，价格也有差异。就像在教室里，孩子们喜欢坐在不太引起老师注意的位置一样，住家或店铺则是人们喜欢的位置人气最高，因此虽然在同一个商店里，每个柜台的租赁费也会不同。

小贴士

和孩子一起观察周围的商家

·规划一下我们的社区吧，希望社区会设立哪些建筑或设施呢？理由是什么？

·查看位于社区里的商店、学校和医院等位置，思考一下，那些建筑为什么要选址在那个位置？

·让孩子了解一下社区的房价（房屋中介里有很多标着房屋价格的牌子）。

·将社区房价按买卖与租赁分类讲解。

·将自家房产证拿出来看一看，和孩子一起谈论房产证上的主要术语。

·和孩子一起玩城市建设游戏（模拟城市等游戏）。

08

考试没考好，可不可以请保险公司代罚？

天有不测风云，人有旦夕祸福。生活中有时会因发生重大事故或因预料不到的疾病而住进医院。突然遭遇到这种困难时，能够提供最大帮助的就是保险。如果参加保险，定期要向保险公司缴纳一定数额的保险金。当事故突然发生时，保险公司就会向投保人支付规定金额的保险金。也就是说，保险是提前缴纳少量金额，防范未来可能会遇到危险的制度。通常，人们认为保险也是理财方式的一种。

回顾保险历史，可追溯到群体生活的古代时期。在古罗马时期就出现了保险的雏形，城市底层人民制定了一种制度，共同分担死者的丧葬费和家属生活费；以及团体会员因自然灾害而发生不幸事故时出现的各种费用。在欧洲中世纪，以都市工商业者为中心建立了一个叫基尔

特的组织，以联合对抗贵族势力，并掌握都市政治与经济实权，控制生产、销售、劳动问题及物价等。基尔特组织不仅帮助患病或因事业失败而生活困难的人群，当团体会员死亡、患病或遭受火灾、窃盗等灾害时，也会共同出资予以救济。韩国也有类似的生命保险，如新罗时期的“仓”、高丽时期的“宝”和朝鲜时期的“契”，均为一种相互辅助制度。韩国近代的保险形式是 1876 年与日本签订强化条约后，由日本人引进，一直延续到今天的保险形式。

向孩子介绍保险形式时，如果将保险的历史发展过程绘声绘色地用故事的方式讲给孩子听，孩子肯定会特别开心。这时家长也可将现在投保的保险证书拿出来让孩子看一看，让它成为实践性教育，同时家长也可以借此机会重新回顾一下自己所投保的保险。

以孩子为对象进行经济教育时，可以建议孩子创设自己希望的险种。你会发现孩子的想象力是无穷无尽的。实践中，投保最多的是“考试保险”，孩子说考试带来的压力太大，如果有这方面的保险就太好了，这真是孩子天真烂漫的愿望。让人感到最有趣的是，孩子不是因为考试考不好而有压力，而是担心受到家长的责骂而感到有压力。他认为如果有一种保险可以代替孩子受父母的责骂就好了。

此外，还有被同学孤立的保险，帮忙照顾弟弟的保险，代替打杂的保险等创意。如此，让孩子讲讲自己想创设的险种时，整个教育过程将变得非常有趣。

小贴士

和孩子一起制作“我的保险”

·我们家的成员都投了哪些保险，拿出所有的投保证书，一起谈谈吧！

·如果我要保险，会为哪方面而投保？为什么？

·根据孩子的创意设立险种，并发放保险证书。设定保险制度，让孩子从零花钱中拿出一部分交给父母，并获得保险内容所保障的承诺。

09

冰激凌也包含税金吗?

国家经济的三大支柱是个人、企业和政府。个人是经济的最小单位，是进行经济活动，提供生产要素，作为代价获得报酬，再进行消费和储蓄等经济活动的基本经济单位。家庭之中通常是由父母在社会中工作并赚得工资，其中一部分进行消费，一部分进行储蓄及缴纳各种税金。

企业是个人聚集在一起形成的集团或团体，为创下利润而形成的组织。企业是经济的基础，生产或提供人们需要的物品与服务，为人们提供赚钱的工作岗位，使经济正常运转。

政府通过法律控制市场经济，确保个人和企业等经济主体在有秩序的环境中开展经济活动。政府制定各种规章制度，以促进经济良性发展。政府发挥着奖励遵纪守法的企业和制裁违规违章企业的经济警察作用，保证全国人民共同均衡分享经济运转创造的收益。

MART
工资
税金
政府
税金
公园

经济的三大主体——个人、企业与政府三者之间，不断进行着财物、服务和货币循环。个人为企业的产品生产提供生产要素，并作为代价获得报酬，然后购买企业生产的货物与服务。企业则通过向个人提供货物与服务，创造收益。政府从个人和企业收取一定税金，再利用税金提供公共物资与公共服务。这就是所谓的国民经济循环。

对孩子来说，政府与税金包含的意义太复杂，无法顺利理解。但可以借此机会告诉孩子政府在我们的身边做了多少事情，每天又收取多少税金。

首先从家里找出与政府相关的事情，将记事贴贴在上面。如家里的电灯、煤气灶和水龙头上都可以贴上，因为水、电与煤气是由政府供应的。何止这些，垃圾筒上也要贴，因为政府还为我们收集并处理垃圾呢。此外，消防、道路、警察、信号灯和垃圾分类处理等，有太多事情都是由政府来完成的。

同样地，也找一找和税金相关的内容吧！人们通常认为税金只与成

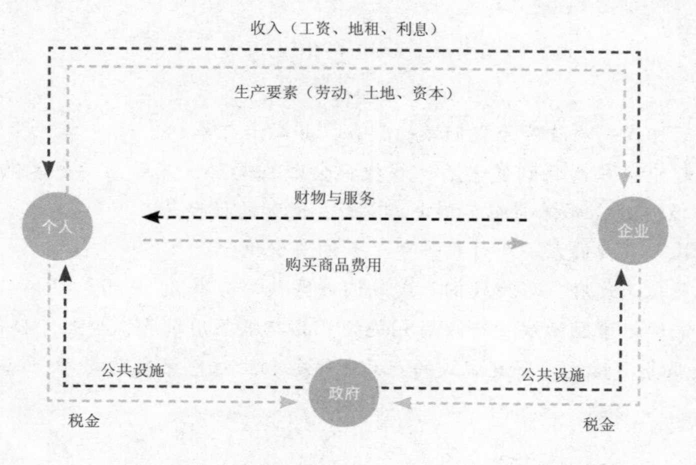

人相关，其实每买一件东西都伴随着税金发生。最简单的方法是查看超市发票，超市发票上明确记着附加税等税金项目。此外，其他发票也会标注税金内容，所以不要错过这些，应该让孩子自己查看一下。平时去银行缴纳税金或水电费时，也可以带孩子一起去。孩子自然会明白其实税金就在我们身边。可以将家庭一年的纳税收据都粘贴在一起，算一算一年共缴纳了多少税金。

政府通过收取的税金，为人民提供必要的公共设施。如果从小就了解这种循环关系，那孩子对政治也会产生不同的观点。人人都在努力工作，为国家缴纳税金，而政府利用税款认真为百姓服务。只是有些时候，事情的发展并不随我们所愿。那时孩子会自然地想到这不仅仅是政治家的事情，也是与我们个人相关的事情。

小贴士

和孩子一起寻找与政府及税金相关的产品

· 在家里找一找政府为我们做的服务，并贴上记事贴。

· 去超市买东西收到发票后，找找税金藏在哪里，然后用荧光笔做个标记。再查一查像冰激凌那样小朋友喜欢的东西，附加的税金是多少？

· 计算一下我们家一个月或一年要缴纳多少税金。

· 如果我是政府，会为我们家或我们社区做哪些事情？

· 在家玩记事贴游戏。与政府相关的产品与服务用黄色，企业（公司）生产的产品或服务用蓝色，家庭完成的产品或服务粘上红色记事贴。

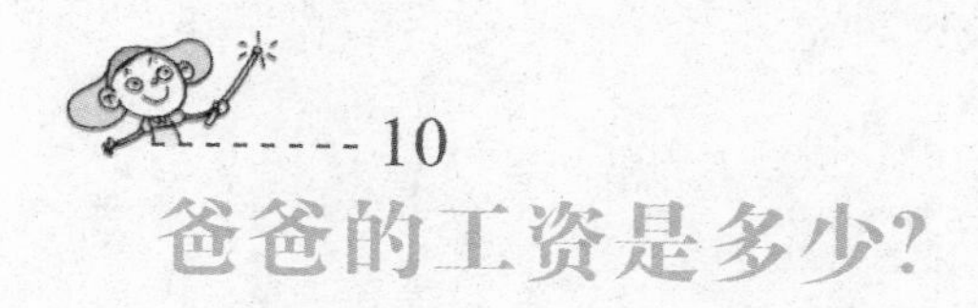

10 爸爸的工资是多少?

在孩子心里，爸爸的位置有多重要呢？也许听起来让人有些伤感，其实对孩子来说，爸爸并不是一个温柔体贴的人。每天都在外面忙碌工作的爸爸，和家人一起共度的时间非常有限。回到家后，总是疲倦地休息；到了周末也只是看电视，享受自己的时间。即使同在一个空间里生活，也没有很好地与家人共度时光。这一切，也许就因为他是爸爸的缘故吧！

爸爸每天很晚回家，回到家总是说："为家人工作，又回来晚了。"那爸爸所说的"工作"到底是指什么呢？孩子怎么也无法理解爸爸的行为，心里只有满腔的不满意。对那些连孩子在哪个年级或哪个班级学习都不知道的爸爸，孩子更觉得爸爸只是在为自己而赚钱。

爸爸要主动将自己从事的工作，准确、详细且如实地讲给孩子听，当然妈妈也应该如此。也许爸爸并不为自己从事的职业而感到自豪，但爸爸努力工作的样子还是会感动孩子的，孩子会为爸爸努力工作并为社会做贡献而感到自豪的。

正因为父母担心孩子认为父母的职业不够体面，会觉得丢人而遮掩或含糊其辞，孩子才会产生更多的误会与曲解。孩子是因为在不了解父母职业的情况下度过了青少年时期，以至对职业没有形成正确认识，所以才会觉得父母从事的职业丢人。

孩子不了解父母所从事的职业，引发的另一个问题就是想象力变得迟钝。孩子的感觉是通过体验与学习等媒介，直接或间接地积累下来的。不过，因为缺少对职业的体验机会，只好依靠多媒体来完成，所以对职业的了解既模糊又有限。同样的，孩子对未来的梦想也是多样而不够具体的。

让孩子写出他向往的职业，韩国有 90% 的孩子会写出艺人、体育明星、医生、律师和教师等代表性的职业。相反，对美国孩子进行同样的调查时，孩子们则不分贵贱地列出了 100 多种职业。总而言之，根据孩子对工作与职业的了解程度不同，答案是截然相反的。

当调查孩子希望成年后得到的年薪时，韩国孩子大多写出 3 千万至 4 千万韩元，而美国孩子的答案中最多的是 1 亿 5 千万韩元。原因是有些孩子通过理财教育，已掌握了物价上涨的情况和实际的工资情况，也可以看出美国孩子更熟悉现实社会的经济情况。

很少有孩子正确了解爸爸的工资，说得最多的就是自己知道的最

大单位“百万韩元”。那这些孩子爸爸的工资真的只有百万韩元吗？当然不是，那是因为孩子从未听大人讲过爸爸的工资是多少。即使当孩子问起：“爸爸工资是多少？”大人也会含糊地用“百万韩元”来应付。这种模糊的单位使孩子对钱的经济概念也变得模糊。从现在开始，我们也变得诚实一些吧！不能让孩子只在“百万韩元”的梦想中成长了。

从小就能正准确了解父母的职业与工作的孩子，其实无异于接受“徒弟”的教育。假设在广告公司工作的爸爸常常向孩子讲述与自己职业相关的事，对孩子来说无异于进行了广告宣传领域的早期教育，至少对术语和情景会有启蒙式的影响。等长大后参加公司面试时，也会处于优势。即使不在同一个领域，也能更具体地观察周围的事物，在起跑线上就做到了抢先一步。

临床心理学家博拉德·克劳茨博士在其著作《对钱的看法》中介绍教育孩子正确对待金钱的方法，反复强调的一点就是“要最大限度地诚实”。孩子问父母的收入多少时，不要说“你不用知道我赚多少钱”。父母这样瞒着孩子，只会让孩子认为“拥有很多钱，会惹人非议；而拥有很少的钱，则会让人觉得丢脸”。结果孩子会对钱持有不正确的态度，认为富翁都不是好人。

当然，父母也没必要将家里的财政情况一五一十地讲给孩子听，但千万不要让孩子感觉父母在隐瞒或觉得丢人，因为孩子对钱的正确认知正是从这一阶段开始的。

小贴士

和孩子一起谈论职业

· 了解一下自家孩子的个性与未来适合的职业类型吧！登陆韩国劳动部网站 www.work.go.kr，可以免费为小学生和青少年进行职业心理测试，网上还有对未来职业类型的详细分析。和孩子一起利用一下吧！

· 介绍一下爸爸妈妈从事的职业，爸爸妈妈工作的公司分别经营什么内容？

· 我们社区都有哪些种类的职业？

· 小朋友最喜欢的职业都有哪些？

· 20 年后，哪些职业更具有人气？

· 具体讲述一下孩子未来的梦想与希望从事的职业。

· 翻看报纸或杂志，剪出与孩子梦想或希望从事职业的相关图片，粘在图画本上。

劳动的意义也要讲给孩子听。劳动是为了生产出人们希望获得的东西而进行的工作。工作与业余爱好不同，工作的目的是为了赚钱。上完理财教育课，回家后孩子说的第一句话就是“没想到赚钱这么难，爸爸妈妈谢谢你们，以后我会节约用钱的”。孩子只有亲身经历过用自己的劳动去赚钱，才会明白那是一件多么艰难的事。

此外，孩子对妈妈的看法也会发生变化。因为，我们的教育中一直坚持“家庭主妇的家务劳动也同样具有价值”的观点。孩子虽然明白作为专职主妇的妈妈为自己和家庭付出了多少努力，但却不晓那些都

可以换算成钱。当孩子明白家务劳动的价值，以及家务劳动可以换算成实际的报酬时，就会大吃一惊。

小贴士

和孩子一起熟悉劳动

· 我们家需要的劳动包括哪些？

· 主妇感到最辛苦的事情是什么？用 1~5 的顺序排列出来。

· 我可以帮忙做哪些家务？

· 问问孩子，如果家里要请保姆，需要付多少薪酬？了解一下换算价格的理由，并与实际发生的雇用保姆费用比较一下。

2010 年，有位法官曾做过如此判决："无一天休息日并且一天到晚做家务的家庭妇女的家务劳务费，每月至少要 200 万 ~ 250 万韩元"。孩子如果知道妈妈因为工作而不能做家务，另请保姆需要花多少钱，一定会点头认可，而且清楚妈妈做的工作量肯定超过保姆，也会明白妈妈劳动的价值应高出很多。所以一回到家，首先会向妈妈说声"您辛苦了"。

11

不玩的玩具可不可以卖掉?

迄今为止，韩国的理财教育一直集中于消费者教育，所以很多孩子都认为节约使用、废物利用及记录零花钱账簿等就是一种美德。但我认为针对孩子未来生活的理财教育，重点应放在赚更多的钱，并且花在更有价值的方面。只懂得节省不花费的孩子，即使生活很宽裕，也不会花钱。为了让孩子明天的生活更滋润，不能无条件地进行节约教育，而应该教孩子赚钱的方式，以及快乐花钱的方法。

现代社会，生产者的数量比过去增加了很多。以前消费者占 99%，生产者占 1%。而最近随着网络与个人创业模式日益活跃，增加了很多既为消费者，又是生产者的群体。通过网上开店、智能手机应用程序商店、跳蚤市场及打工等形式，我们都能亲身体验生产者的生活。

实际生活中有很多中学生，甚至小学生创业的事例。有一个初三女

学生开了一家网上服装店，每月创下 5 千万韩元的收益，颇为成功。她能够在服装审美上与初高中女生引起共鸣，是她获得成功的重要因素。

思维方式的一个小小改变，也能成就对事业的挑战。曾接受过经济教育的小学五年级女生敏智想出了一个奇特的点子——卖二手签字笔。事情的起因是这样的：有一次考试结束后，敏智看到地上丢弃了很多水性签字笔，那些都是只用过一次的签字笔，她觉得很可惜，就捡了起来。之后，每次考完试，敏智都会收集那些被丢弃的水性签字笔，一学期下来，足足收集了 500 多支。

等到下次考试之前，敏智就开始半价出售水性签字笔了。孩子因为用 500 韩元就能买到文具店卖 1000 韩元的签字笔，感到特别高兴。很快，敏智就卖光了所有签字笔，足足赚了 20 万韩元。虽然也有孩子说了一些风凉话，但重新利用资源的敏智，分明具备与别人不同的眼光。只是很可惜，因为学校禁止在校内进行商业活动，敏智的事业未能得到进一步发展。但我还是认为敏智的未来非常值得期待，因为敏智已经通过不同于常人的经历，看到了另一个世界。

再没有比直接体验更好的教育了。就和敏智一样，在儿童经济教育过程中应该加入事业体验环节。让孩子自己选择行业种类，然后发放简单制作的营业执照，挂在事业场所。当然，还要通过竞争选择最佳的商铺位置，产品价格表、发票和财务报表也要制作。为孩子创造环境后，余下的事情孩子自己就可以完成了。

孩子会自己研究吸引更多顾客的方法，并提出好点子，如举办促销

股票公司
社长

活动，制作广告宣传牌等。经历过这样的创业过程后，孩子会认为“赚钱好难”，同时也会想到“创业也没什么大不了，谁都可以挑战，真得很有意思”。从那一瞬间开始，孩子就会树立自己的梦想与目标，主动运作，真切地感受到了经济活动带来的激励与影响。

小贴士

和孩子一起创业

·收拾许久不使用的东西，拿到跳蚤市场中出售。

·实际体验创业过程，如自己直接在网上开店，按不同行业开设讲座，并提供简单的制作方法。

·将自己制作的产品上传至网络中出售，实际体验创业过程。

孩子会考虑选择哪种品种，才能吸引更多的人，创造更多的收益，以及开始销售后，如何才能吸引更多人的关注，创下更高的销售量。这样在体验生产者的过程中，曾经学到的所有经济原理马上就能得到切身的理解。

让孩子自己制作事业计划书吧！所谓事业计划书，就是事先制订“如何开展事业”的计划。首先对自己选择的商品或服务进行说明，并记录别人将做出的反应，能售出多少，在哪儿怎么卖，价格定多少，整体的时间管理与人员管理如何进行等内容。最后要写出计划出售多少个，

卖多少钱，有多少利润等内容。

当然，制作事业计划书并没有一定要遵守的规则。只要创业的人很容易看懂，以及希望得到某人投资时，能令对方看后会产生投资的念头就可以了。孩子只要明白事业计划书要做到“事先做出计划，达到说服他人”的目的，就足够了。

事业并不一定都要那么庞大，如和朋友一起开家跳蚤市场，卖些二手货也可以。毕竟创事的过程大同小异。所以，只要孩子提出创意，有了事业构思，就请毫不犹豫地投资吧！那才是明智父母应做出的选择。

小贴士

和孩子一起制定事业计划

· 写一份事业计划书吧！内容包括产品说明、服务对象、价格与成本计算、销售方法与地点、广告宣传方法、投资资金与利益金的计算等。最好用一张 A4 纸将内容全部写进去。

· 做一份家庭炒辣年糕事业计划书，要包括目标、商标名称、烹饪方法、采购清单、投资费用及出售给家人后产生的利润等内容。

________的事业计划书

公司名称	
产品名称	
公司简介	
产品特征	
新产品研发资金	
现有资金	
必需资金	

20　　年　　月　　日

12

为什么饼干广告里全是偶像歌手？

“我买 Big Bang 哥哥做广告的那个。”“这个是绿色食品。”孩子就算只买一件东西，也要买自己喜欢的偶像做广告的产品。我们总是通过广告获取产品的相关信息，哪怕里面讲的并不是事实，在那一瞬间也情愿相信它是好产品。可以说，广告直接影响着公司的形象与销售额。

正因为如此，产品广告行业竞争特别激烈。为了包装产品，公司竞相邀请明星拍摄广告，掀起明星广告效应。而那些超豪华的广告阵容，会令企业投入大量的资金。那么，市场营销与我们的消费究竟有何种联系，为什么会引起企业如此重视呢？

所谓市场营销，是指在市场上发生的所有的事情。作为生产者，最希望自己生产的产品在市场上卖得好又卖得多。所以，市场营销就是通过制定各种营销计划与方法来提高销售额。创业的目的就在于创造利润，企业若想创造利润，就要让更多的人来买自己生产的东西，因此企业对广告投入较多的关注是必然的。

当今社会，市场营销比重加大的另一原因是，同行业企业大批出现。过去销售特定商品的公司并不多，物品也不丰富。所以只要生产出来，就不愁卖不出去，也没必要花钱打广告。但现在，企业与产品不计其数，生产者只有牢牢抓住消费者才能售出产品。总而言之，市场营销的比重增加，意味着竞争的公司越来越多了。

那么企业创造盈利所必需的市场营销，在现代社会里是如何开展的呢？现在一起来看看各企业开展的市场营销战略吧！首先，为了能引起孩子的兴趣，和孩子谈谈他喜欢的玩具和饼干等产品里，隐藏着哪些营销策略。

我们接触最多的营销方式就是广告。所谓广告，是通过电视、报纸、广播和网络等媒体，将产品或服务向大众广而告之，并为之支付一定费用的行为。此外，也指所有可以广泛推广产品的方法，比如雇人发放传单或在路边做宣传，也属于广告形式。除了广告，还有一种市场营销方法，那就是宣传。也许大家很难分清楚广告与宣传到底有什么不同，在这里可以用“钱”来说明一下，广告是为出售产品而以支付广告费用为代价，推广产品的行为；而宣传是指可以不直接支付费用，间接推广产品的行为，比如，为电影或电视剧赞助产品、捐赠产品、援助或进行促销等活动都属于宣传。

其中，我们接触最多的广告媒体是电视。打开电视，你会发现诸多明星争先恐后地登场做广告，也能看到企业向某著名演员支付了数亿韩元广告费的新闻报导。其实，企业支付的广告费不仅限于著名演员的演出费用，同时还要向电视台或广播电台支付播放广告的费用。例如，饼干广告中演员的演出费为 2 亿韩元，电视台播放广告费用为 5 亿韩元，那企业的广告费用总支出为 7 亿韩元。假设 1 千韩元一包的饼干，成本为 50%，那在没有其他费用发生的情况下，需要卖 140 万包才能赚回广告费用。如果再加上运输费用、促销活动费用、研发费、库存费和管理费等其他费用，就需要卖出更多的饼干才能有利润。

当然，这些费用一定要从产品中得到补偿，即由消费者来买单。也就是说，除了产品本身的材料费、生产费和运输费等基本费用以外，消费者还要承担产品的广告宣传费用。比如 800 韩元就可以买到的饼干，因为广告费需要多支付 200 韩元。广告并不仅仅用于提高企业产品的销售量，明星们也通过广告创下了高收入。在明星们的收入结构中，广告费所占的比重甚至比其从事的职业收入高得多。

当然，市场营销也不仅限于明星效应的营销方法。随着明星效应营销方法的普及，企业开始思考并寻找更新颖且吸引人的创意。因为随着理智的经济消费者日渐增多，人们逐渐意识到消费不能盲目地相信明星的推荐，因此市场营销方法也会随之不断发展。和孩子一起静观将会有哪些广告闪亮登场，也是学习市场营销的好方法。

小贴士

和孩子一起制作家庭广告

——如果决定在跳蚤市场或网上出售东西，可以试着制定相应的市场营销计划。

——让孩子观察一下，最有人气的玩具和饼干采用了哪些营销方法？

——广告中出演的著名人士有哪些？你有没有因为哪个名人而购买过什么东西？

——广告中最常出现的名人是谁？玩一个排出前5位广告名人的游戏。

·家人各自写出自己认为广告中出镜率最高的前5名名人。

·排出30分钟内出现最多的前5名的广告名人，猜对最多的人获胜。

——用摄像机或数码手机拍摄时长5分钟的家人介绍广告视频。将制作的广告上传到优酷网站或其他视频网站，与更多的朋友和一起分享吧！

13 比萨店为什么发放积分卡?

过去，我们都不太在意收集优惠券或积分卡。有些人甚至怕别人认为自己是小气鬼，瞧不起自己，结账时连打折卡都不好意思拿出来。但现在完全不同了，到处都能听到“您有积分卡吗?”或“送您优惠券”等话语。不知从何时开始，折扣的概念变得如此丰富多彩。当然，对消费者来说，这些变化的确是一件让人开心的事。

折扣原本是作为市场营销的一个环节登场的，销售者为了售出更多的产品而选择直接降价的战略，即为折扣。在多数情况下，折扣活动是为了薄利多销或为了防止产品过期而进行的。折扣优惠券是向消费者发放的写着一定条件的凭证，当消费者按条件进行购物时，可以获得打折或免费提供产品与服务的优惠待遇。折扣与优惠券最初由可口可乐公司用于市场营销，现在作为推广产品的方法被广泛利用。与此类似的方法还有里数津贴、红利积点、积分制和会员制等。因为现在有很多打折制度，所以若有购物计划，请仔细查看商家提供的服务或营销策略，选择更物美价廉的产品，这也是成为聪明消费者的方法之一。

孩子最容易接触折扣制度的地方，就是游乐园或电影院。首先，看一下游乐园的通用券吧！通用券的价格只够玩 3 种游乐设施，之所以卖得这么便宜，是因为游玩的人太多，游客其实玩不了几种设施。去游乐园时，你就会发现利用通用券的游客很难玩超过 3 种以上的游乐设施，有时干脆改变主意不玩了。所以即使便宜出售通用券，也能创下很高的销售业绩。

电影院则通过会员积分制确保顾客的忠诚度。不仅是电影院，超市、通讯公司和文具店等也会利用这种会员制。这些行业因为竞争激烈，都想长时间吸引更多的顾客，所以会利用会员制让顾客经常光顾同一家电影院。消费者成为会员后，当然会钟情于能有更多优惠的地方。通过积分或返点得到的附加利益，也是值得人们期待的。

这种期待心理，同样也体现在优惠券上。《开关》一书上刊登过有关优惠券的有趣事例。有家洗车场决定制作顾客卡片，每当客人洗一次车就会盖一个章。只是顾客卡片分为两种，第一种在顾客的卡片共有 8 个格，盖满后提供免费洗一次车；第二种在顾客卡片有 10 个格，只是发卡时其中两个格已经盖上章了。

开展这项服务营销活动后，总结几个月的推广效果，对两种卡片进行分析，结果非常有意思。拥有 8 格卡片的顾客中获得免费洗车券的人

仅有19%，而拥有10格卡片的顾客获得免费洗车券的人达到34%。同样的服务活动，结果却大不相同，原因就是顾客的期待心理不同。第一种顾客接到卡片后感觉若想达到目标，需要从头开始；而第二种顾客接到卡片后，感觉自己已经完成了20%的指标。虽然是同样的过程，但根据人们的不同心态，最终结果大不相同。在已完成部分任务的情况下，相比一切从头开始，虽然过程一样，但更能激发人们的期待心理。所以人们非常热衷于优惠券积分等折扣制度。

销售者就是这样不断研究诱惑消费者的方法，也就是如何才能吸引更多顾客光临，出售更多物品，获得更多的收益。这些方法不仅适用于出售物品，我们在付出劳动力时也可以参考一下。

小贴士

和孩子一起了解折扣制度

·把我们使用的会员卡和优惠券等拿出来，仔细查看一下。

·有没有因为自己是会员或因为有优惠券，而进行过没有计划的消费？

·有没有因为是会员或利用了优惠券，而“真正获得优惠”？

·在家里制作“做好事优惠券”“帮妈妈打杂优惠券”和“做饭优惠券”等，当孩子成功完成了家务时，就发给孩子。当孩子积满3~5张优惠券时，就要给孩子奖励。

14

朋友向你借钱时，借不借给他？

2010 年韩国银行卡发行量超过了 1 亿 1 千万张，几乎每位国民平均持有 3 张银行卡。而按经济生活人口数计算，许多人实际持有的银行卡更多。虽说货币电子化是经济发展的必然趋势，但无计划性地使用银行卡也真让人感到头痛。因为随着信用卡发行量的增加，信用不良者和信用卡拖欠者也在不断涌现。当信用卡日常化之后，连使用信用卡是在“借债”的概念，也变得越来越模糊了。

从未受过理财教育的年轻人，参加工作后做的第一件事是什么呢？那就是申请信用卡，然后开始毫无顾忌地刷卡，做一直计划想做的事情，买早就想买的东西。别忘了，第一个月的工资还没到手呢！其实，信用卡说白了就是借钱先花，过后再还。使用信用卡就意味着借债，而人们却没有意识到这一点，现代社会甚至形成了建议人们使用信用卡的局面。

在哪里都可以使用信用卡，甚至身上带着现金时也要刷信用卡消费，以至人们对钱越来越不重视了。

为了防止将来我们的孩子也会被这种大氛围所影响，要让孩子从小开始就对信用卡形成正确的认识。培养孩子对信用卡的正确认识之前，应让孩子经历一次向朋友借钱，然后告诉孩子自己可借到的金额就是“信用”。所谓信用，用一句话概括就是“可以相信你的程度”，这样解释就容易理解了。然后通过与朋友的亲密度，以往借钱后还款是否及时，以及来自其他朋友的评价等综合判断信用度。

同理，银行或信用卡公司也是通过与用户的亲密度（与银行进行的交易）、返还能力（过去的经历）及综合评价（其他银行评价、手机费用和税金等拖欠与否）等全面衡量后，才会决定是否借钱给用户。即信用卡是银行根据个人的经济及社会能力，借出相应数额的金钱，所以我们应当明白，信用卡是用户与信用卡公司约定的按时还款承诺。

在这种信用关系中，最重要的是“遵守约定”。如果朋友没有遵守约定，你当然会不高兴，与朋友也会渐渐变得疏远。同理，失去了信用，就无法继续交易了。一定要让孩子明白这种信用原则，而作为父母，首先要做的就是遵守对孩子的承诺。

我以前曾因为压岁钱而不相信自己的父母。“让妈妈帮你保管压岁钱吧，以后还你的时候会给你加利息的。”但是压岁钱从此一去无回，每当我跟妈妈索要时候，妈妈就会发脾气，说：“一直以来在你身上花的钱有多少，你知道吗？那些压岁钱全都花掉了。”那时我真是心灰意冷，心里

想着："这世上没有一个人值得我相信了。"从此我就认为："妈妈是不讲信用的人。"从此下决心再也不把钱交给妈妈，自己设了一个小金库。我想各位都和我一样，有过同样的经历吧！

虽然只是短暂的回忆，但就是这样一个琐碎的经历，却让孩子对父母不再信任。所以在金钱往来上，哪怕是父母与孩子之间，也都要遵守信用，不管他是大人还是小孩子。

小贴士

培养孩子的信用意识

– 让孩子向几个小朋友借钱，借到的金额将成为信用。

– 查一下爸爸妈妈的信用等级是多少，并和家人谈谈自己的信用等级为什么是这个程度。

– 和父母一起玩信用等级游戏。

· 给父母 100 分，然后回想一下父母最近对孩子承诺的 10 件事。

· 同样给孩子 100 分，然后回想一下孩子最近对父母承诺的 10 件事。

· 每发现一个没有遵守的约定，就扣掉 5 分。

· 比较一下，孩子心中父母的信用分数与父母心中孩子的信用分数，哪个更高呢？

和孩子一起玩“经济宾戈游戏”

人们之所以觉得经济既深奥又陌生，最大的原因就是对经济词汇感到生疏。只要与经济词汇亲近起来，孩子就能更顺利地接近经济概念了。让我们在家玩经济宾戈游戏，快乐地学习经济术语吧！

1. 准备宾戈游戏表格与笔。可以用电脑制作表格后打印出来，也可以在纸上自己画出表格。

（建议游戏水平：小学 1~3 年级为 4×4；小学 4~6 年级为 5×5；初高中为 6×6 以上）

2. 选择小学、中学教科书或报纸上经常出现的经济术语，父母帮助孩子一起准备约 40 个词汇。

3. 将词汇填入自己希望的格子内。

4. 规定顺序，轮流说出经济术语，并在相应词汇上画出 O 标记。

5. 如果自己有对方说出的词汇，就做 O 标记，如果没有就跳过去。

6. 谁先完成三条横线、竖线或对角线，谁就可以喊“宾戈”。

（低年级完成一条直线，高年级完成三条以上直线）

建议掌握的经济术语

价格、供给、广告、金融机构、生产、消费、公共设施、批发商、税金、市场、零花钱、银行、政府、稀缺性、经济、机会成本、复利、单利、贸易、分工、需求、利率、货币、替代物品、保险、外汇、流通、电子商务、证券、汇率、家庭生活账簿、国际收支、企业、收入、资产、存款、公平交易法、红利、社会保障、消费者保护、WTO、FTA、国民总收入、均衡价格、信用、利润、捐赠、生产性、信息化、创业者精神、合理化选择、失业者、促销活动、拖欠、投机、不动产、股票、债券、通讯费、电子货币、破产、职业、市场营销、市场调查、财务报表、富翁、经营、总经理、贸易赤字、IMF、金融危机、拍卖、协商、财务活动、商法、会计师、专利律师、报关员、M&A

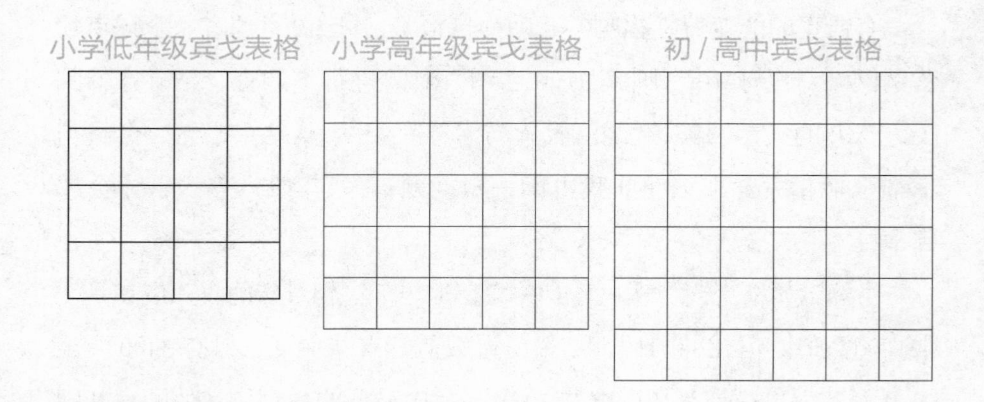

结语

快乐的理财生活，造就幸福的富翁

有钱真的能变得幸福吗？《朝鲜日报》、韩国民意调查、全球市场营销网站对全球10个国家5190名调查对象进行了调查，结果在韩国十之八九的人都回答："经济收入与幸福有关。"从结果来看，金钱与幸福密切相关。那么在此我再问一个问题："一年收入多少，才会感到幸福？"

当然，如果金钱与幸福真有关联，那与幸福相对应的收入应该是非常高的数值。但在韩国调查结果所得数值却有些偏低，只有3400万至6900万韩元。这是参加调查的10个国家中最低的数据，其他国家共同

的答案是“1 亿 1400 万韩元以上”。为什么韩国人认为金钱与幸福紧密相关，而创造幸福所需的金钱数额却比较低呢？

这种双重态度不仅仅表现在带来幸福感的金额上。“喜欢钱，但不喜欢富翁”的思维方式，其实也是双重态度的表现。2011 年 1 月 7 日，《朝鲜日报》特辑报道中曾这样描述韩国人对“金钱与幸福”的认识：韩国人认为自己对“金钱的担忧”会一直延续到子孙后代。作为对未来一代人造成威胁的因素，“金钱方面的问题”占最大比重的国家依然也是韩国（29.8%）。尤其在 20~30 岁男性中，有 40% 的人认为“对未来一代人造成最大威胁的因素就是金钱”。总之，金钱是创造幸福未来的必要因素，但绝对不能光明正大地追求金钱。

我们为什么对金钱会有这样的误解呢？是不是因为对金钱有某种强迫症，所以不能单纯地喜欢金钱。形成以上问题的原因就在于我们过去一直以来对金钱的错误观点，以及我们未能及时普及经济教育造成的。在对金钱的正确态度与教育尚未形成的情况下，仿佛金钱与幸福这两个关键词是不可能同时共存的。其实正确的经济习惯与教育要同时形成，如果能得到本书介绍的三个存折与 ELIS 的帮助，我们的子女自然会掌握对金钱的健康观念与知识。

为了向孩子更生动地解说理财教育，本书利用实际金融存折中的整存整取存折、黄金存折和股票存折作为工具。和孩子一起打理整存整取存折、黄金存折与股票存折，使其成为孩子成长后的有力支柱，这是非常重要的。不过真正要给孩子的不是财富，而是他自己能够积累财富的"经济生活生存能力"。这才是真正为孩子未来着想的理财教育目的。

家长要时刻记住，理财教育并不是在学校进行的，生活中的每时每刻都在进行着理财教育。如果孩子在生活中培养了良好的理财习惯，通过理财教育掌握经济原理，再利用ELIS的三个存折，为明天打下扎实基础，肯定会成为为孩子创造财富的三大有力支柱。

此外，理财习惯、教育和金融三个支柱在相互补充不足，发挥长处的同时，将会创造又一个奇迹，那就是善良的人性、和睦的家庭及富足的财富。它们相互支持并完善孩子幸福的人生。

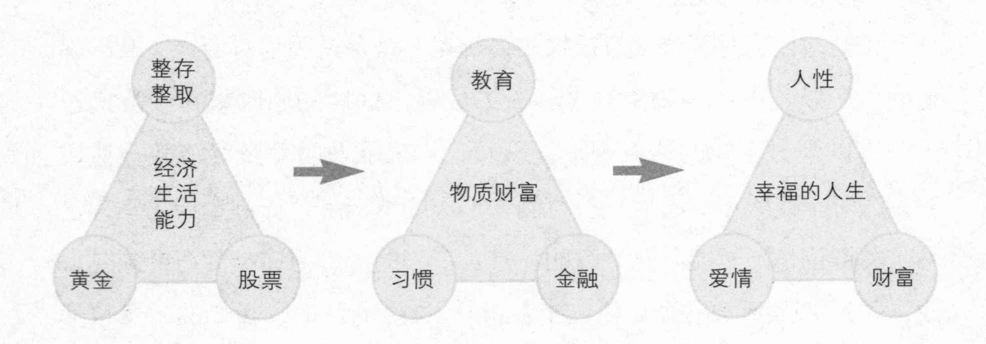

再不能将金钱看作是威胁我们未来人生的因素了，应该让它变成使我们未来生活更加富足的因素。数十年来一直研究幸福感的澳大利亚幸福协会的蒂莫西·夏普博士忠告人们："如果一直过着一成不变的生活，你的（不幸福）状态将不会改变。"当然，不是说你现在的

生活不幸福，而是说应该追求更幸福的人生。改正错误的理财意识，为自己和子女坚持快乐的经济活动，肯定能找到金钱与幸福的交集。这也是成为幸福富翁的最有效方法。